高等职业教育新形态精品教材

食品试验统计分析实用基础

主　编　张儒令　安凤颖　杨　云
副主编　田建霞　颜学佳　唐　琳
参　编　杨环毓　吴玉琴　杨露西
　　　　谢小丽

北京理工大学出版社
BEIJING INSTITUTE OF TECHNOLOGY PRESS

内 容 提 要

本书共分为7个项目，其中工作任务16个，实训14个，基础知识与技能训练结合，保障工作任务顺利实施。16个工作任务包括食品统计基础知识、分析统计资料、掌握真值与平均值、整理试验数据、假设检验概述、总体均值的检验、总体成数的检验、方差分析的基本原理与步骤、单因素试验资料的方差分析、多因素试验资料的方差分析、分析一元回归、分析多元回归、正交试验设计与分析、正交试验应用、设计试验与实施、理论分布与抽样分布。14个实训包括Excel软件数据文件管理、SPSS软件数据文件管理、Excel软件描述统计、SPSS软件描述统计、Excel软件统计推断、SPSS软件统计推断、Excel软件方差分析、SPSS软件方差分析、Excel软件回归分析、SPSS软件多元回归分析、正交试验设计与分析、设计试验与实施方案、Excel软件综合分析、SPSS软件综合分析。

本书可作为高职院校食品类专业、农产品加工与质量检测类相关专业学生学习用书。

版权专有　侵权必究

图书在版编目(CIP)数据

食品试验统计分析实用基础 / 张儒令，安凤颖，杨云主编. -- 北京：北京理工大学出版社，2024.1（2024.2重印）

ISBN 978-7-5763-2781-6

Ⅰ.①食… Ⅱ.①张…②安…③杨… Ⅲ.①食品检验—试验设计—高等学校—教材②食品检验—统计分析—高等学校—教材 Ⅳ.①TS207.3

中国国家版本馆CIP数据核字（2023）第159035号

责任编辑：王梦春　　　　　　**文案编辑**：闫小惠
责任校对：周瑞红　　　　　　**责任印制**：王美丽

出版发行 /	北京理工大学出版社有限责任公司
社　　址 /	北京市丰台区四合庄路6号
邮　　编 /	100070
电　　话 /	(010) 68914026（教材售后服务热线）
	(010) 68944337（课件资源服务热线）
网　　址 /	http：//www.bitpress.com.cn
版 印 次 /	2024年2月第1版第2次印刷
印　　刷 /	北京紫瑞利印刷有限公司
开　　本 /	787 mm×1092 mm　1/16
印　　张 /	13.5
字　　数 /	330千字
定　　价 /	39.00元

图书出现印装质量问题，请拨打售后服务热线，负责调换

本书编写委员会

主　编　张儒令（铜仁职业技术学院）

　　　　　安凤颖（铜仁职业技术学院）

　　　　　杨　云（铜仁市农产品质量安全检验测试中心）

副主编　田建霞（铜仁职业技术学院）

　　　　　颜学佳（铜仁市农产品质量安全检验测试中心）

　　　　　唐　琳（盛实百草药业有限公司）

参　编　杨环毓（铜仁职业技术学院）

　　　　　吴玉琴（贵州一鸣农业科技有限公司）

　　　　　杨露西（铜仁职业技术学院）

　　　　　谢小丽（思南县农业农村局）

前 言 Preface

在食品科学技术领域，试验设计和统计分析是不可或缺的工具。合理的试验设计有助于研究人员提高试验的准确性和可重复性；而统计分析有助于有效地解释和分析试验数据，并得出科学合理的结论。对于从事食品科学技术工作的人来说，精通试验设计和统计分析方法至关重要。

本书落实了"立德树人"的根本任务，对学生知识、技能和素质进行了全面的培养。知识技能层面为学生提供基础实验设计和统计分析应用指导，内容包括实验设计基础、方差分析、回归分析以及因子分析等方面和实际应用。大量案例分析和实验操作，使学生能更好地理解和掌握相关知识和技能，同时本书结合党的二十大提出的一系列重要思想和指导原则：融入生态文明建设、环境保护和可持续发展等主题；注重培养学生创新思维、推动职业教育高质量发展；提升食品安全水平，保障人民群众的生活需求。

本书适用于农产品加工与质量检测专业、食品相关高职专业学生学习。本书是一本系统全面且易于理解的试验统计分析应用教材。

一、课程教学用书的编写思路

"食品试验统计分析实用基础"的课程设计思路：教学组织设计以可行性为前提进行教学内容的选择和教学设计；根据各项任务的特点采取与之相适应的教学方法；以促进学生综合职业能力和综合职业素质的提高为目标，实施过程性考核与终结性考核相结合的评价方式。

课程要求学生掌握各种要素及其相互关系，包括使用数理统计分析方法对试验结果进行简单处理和分析；运用统计假设检验的理论和方法解决实际问题；应用方差分析基本知识处理实践中的问题；建立两个变量之间的简单回归方程，并利用统计方法进行显著性检验，以便预测和控制；熟练应用正交试验设计原理与方法解决科研与生产实际问题；掌握常见的试验设计方法，具备一定的问题分析和解决能力，能够独立设计并执行试验，并正确地对试验结果进行统计处理。

二、本书开发特色

1. 依据国家标准《数据的统计处理和解释　正态分布均值和方差的估计与检验》（GB/T 4889—2008）、《数据的统计处理和解释　正态分布均值和方差检验的功效》（GB/T 4890—1985），结合原有枯燥的知识，进行知识重构，简化常规统计学知识理论和公式推导过程，进行工作任务化，内容具体实际化，学生可从丰富工作案例中学习知识，并应用到实际工作中。

2. 建立有效的校企合作，以大量的企业实际工作任务为引导，利用课程知识解决实际问题。

3. 本书遵循项目任务系统化的原则，并开发有"学而思""工作任务实施""思维导图""实训操作"等辅助知识，让学习更轻松。

三、本书内容的编写分工

本书由校企（行业）人员共同编写，分为7个项目，16个工作任务，14个实训。张儒令（铜仁职业技术学院）负责内容简介、前言、项目四、项目五、实训操作、综合训练的编写及全书的组织与统稿工作；安凤颖（铜仁职业技术学院）、杨环毓（铜仁职业技术学院）、吴玉琴（贵州一鸣农业科技有限公司）负责编写项目一、二；田建霞（铜仁职业技术学院）、杨露西（铜仁职业技术学院）、唐琳（盛实百草药业有限公司）负责编写项目三；杨云（铜仁市农产品质量安全检验测试中心）负责项目六、实训操作的编写；谢小丽（思南县农业农村局）、颜学佳（铜仁市农产品质量安全检验测试中心）编写项目七。

由于编者水平有限，书中内容难免存在不妥之处，恳望读者批评指正，更希望与读者进行探讨与交流。

编　者

目 录 Contents

项目一　统计资料 ………………………………………… 1
任务一　食品统计基础知识 ………………………………… 1
任务二　分析统计资料 ……………………………………… 18
　　实训一　Excel软件数据文件管理 ………………………… 30
　　实训二　SPSS软件数据文件管理 ………………………… 32
综合训练 ……………………………………………………… 34

项目二　整理试验数据 …………………………………… 36
任务一　掌握真值与平均值 ………………………………… 36
任务二　整理试验数据 ……………………………………… 39
　　实训一　Excel软件描述统计 ……………………………… 50
　　实训二　SPSS软件描述统计 ……………………………… 52
综合训练 ……………………………………………………… 55

项目三　假设检验分析 …………………………………… 57
任务一　假设检验概述 ……………………………………… 57
任务二　总体均值的检验 …………………………………… 65
任务三　总体成数的检验 …………………………………… 71
　　实训一　Excel软件统计推断 ……………………………… 78
　　实训二　SPSS软件统计推断 ……………………………… 81
综合训练 ……………………………………………………… 84

项目四　分析试验的方差 ………………………………… 86
任务一　方差分析的基本原理与步骤 ……………………… 87
任务二　单因素试验资料的方差分析 ……………………… 103
任务三　多因素试验资料的方差分析 ……………………… 110
　　实训一　Excel软件方差分析 ……………………………… 120
　　实训二　SPSS软件方差分析 ……………………………… 122
综合训练 ……………………………………………………… 125

项目五　回归分析与相关分析 127

任务一　分析一元回归 128
任务二　分析多元回归 137
　　实训一　Excel软件回归分析 143
　　实训二　SPSS软件多元回归分析 149
综合训练 151

项目六　设计正交试验 154

任务一　正交试验设计与分析 154
任务二　正交试验应用 161
　　实训　正交试验设计与分析 170
综合训练 174

项目七　试验的设计与实施 176

任务一　设计试验与实施 177
任务二　理论分布与抽样分布 186
　　实训一　设计试验与实施方案 191
　　实训二　Excel软件综合分析 194
　　实训三　SPSS软件综合分析 196
综合训练 197

参考答案 199

附表 208

参考文献 209

项目一　统计资料

引导语

在食品生产研发中需要收集大量的数据进行分析，而统计学方法能够帮助分析这些数据，并确定其分布规律及找出其关联性，有助于发现新的规律和趋势。因此，资料统计基础在食品生产研发中至关重要，其可以提高生产效率和产品质量并降低成本，同时，协助预测市场需求和规律，增强企业的竞争力和市场占有率。

思维导图

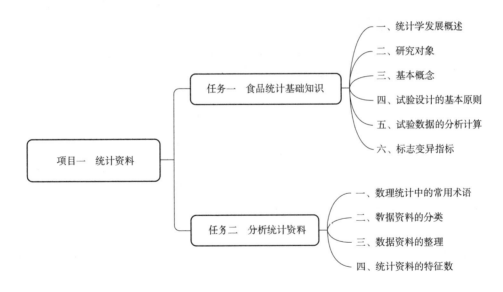

任务一　食品统计基础知识

工作任务描述

针对某款食品的品尝评分结果：8、8、8、9、9、9、9、10、10、10、10、10、10、10，请计算其几何平均数、中位数、众数，并分析这些指标的含义。

学习目标

知识目标
1. 了解试验设计的基本概念。
2. 了解食品试验科学的特点和要求。
3. 掌握试验设计和数据处理时的专用术语。

能力目标
1. 学会试验设计的基本原则。
2. 学会试验数据的分析计算方法。

素质目标
1. 具备实事求是、严肃认真的工作态度,以从事农产品食品质量检测为前提。
2. 坚持以人民为中心的发展思想,关注食品安全和健康问题,保障人民的食品安全权益。

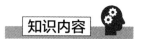

一、统计学发展概述

统计学是一门探究数据收集、处理、分析和解释的学科。其渊源可追溯至古代,而现代统计学则始于18世纪。尽管历经漫长岁月,但如今统计学已成为各领域决策制定不可或缺的重要支撑。

(一)统计学发展历程

统计学的起源可以追溯到古代,人类早期即开始运用其基本概念和技术。现代统计学则始于18世纪,并逐渐成为一门独立的学科。高斯及拉普拉斯等众多知名统计学家开始发展概率论与数理统计学,在此后随着时间推移,该领域不断扩大并成为政府、企业及学术界重要工具之一。同时,随着计算机技术日益进步,回归分析、时间序列分析及贝叶斯方法等新兴技术也相继涌现。

食品试验统计分析是一门研究食品生产、流通、消费等方面数据的学科。在我国,随着经济的发展和人民生活水平的提高,食品统计学的研究也逐渐得到重视和发展。

20世纪50年代至70年代初,我国的食品试验统计分析主要集中在食品生产方面,主要是对农业生产的统计,包括粮食、畜牧和渔业等。这时期的统计数据主要用于国家的计划经济和决策制定。

20世纪70年代中期到80年代末,我国进入改革开放时期,食品试验统计分析开始涉及食品流通和消费方面。统计数据不仅用于国家计划经济,也开始向市场导向转变。

20世纪90年代至今,我国食品试验统计分析得到了快速发展。随着市场经济的不断深化,研究范围逐渐扩大,包括农业生产、食品加工、食品流通、食品安全、餐饮服务等方面的数据统计和分析。随着信息技术的快速发展,食品试验统计分析也得到了数字化、网络化、智能化等方面的提升和支持。

我国的食品试验统计分析在经过了多个阶段的发展后，已经成为一个相对成熟的学科，为我国食品产业的发展和食品安全的保障提供了重要的支撑与保障。

(二)主要术语

(1)总体(Population)：统计分析的对象，是指所有符合一定特征的个体的集合。

(2)样本(Sample)：从总体中抽取出的一部分个体。

(3)参数(Parameter)：总体的某个特征的度量，如总体均值、总体方差等。

(4)统计量(Statistic)：样本的某个特征的度量，如样本均值、样本方差等。

(5)抽样误差(Sampling Error)：由于样本只是总体的一部分，所以样本统计量与总体参数之间存在差异，这种差异称为抽样误差。

(6)假设检验(Hypothesis Testing)：统计学中常用的一种方法，用于判断总体特征是否与某个设定的值相同。

(7)显著性水平(Significance Level)：假设检验中规定的一种标准，用于衡量拒绝零假设的程度。

(8)P值(P-value)：假设检验中计算出的一个概率值，表示在零假设成立的情况下，观察到样本统计量或更极端情况的概率。

(9)置信区间(Confidence Interval)：也称可靠性区间，是对总体参数的一个估计区间，该区间具有一定的置信度。

(10)回归分析(Regression Analysis)：用于研究自变量与因变量之间关系的一种统计方法。

例如，某面包店想要了解其新品面包的受欢迎程度，于是随机抽取了50个顾客进行调查。调查结果显示，有40个顾客对新品面包表示喜欢，10个顾客表示不喜欢。现在需要对该面包的受欢迎程度进行统计分析。

(1)总体：所有可能购买该新品面包的顾客。

(2)样本：50个被调查的顾客。

(3)参数：该新品面包被所有可能购买的顾客所喜欢的比例。

(4)统计量：被调查的50个顾客中表示喜欢该新品面包的比例。

(5)抽样误差：由于只对50个顾客进行了调查，调查结果可能存在一定的误差。

(6)假设检验：可以用假设检验来判断该新品面包的受欢迎程度是否显著高于50%。

(7)置信区间：可以计算置信区间来估计该新品面包被所有可能购买的顾客所喜欢的比例。

(8)方差分析：如果该面包店还想了解不同年龄、不同性别、不同地区的顾客对该新品面包的受欢迎程度是否存在差异，可以用方差分析来比较不同群体间的平均喜欢比例是否存在显著差异。

(9)相关分析：如果该面包店还想了解该新品面包的受欢迎程度与其因素(如价格、口感等)之间是否存在相关关系，可以用相关分析来研究两个变量之间的关系。

(10)回归分析：如果该面包店想了解哪些因素对该新品面包的受欢迎程度影响最大，可以用回归分析来研究自变量与因变量之间的关系。

二、研究对象

统计学在食品科学中有广泛的应用。在食品生产过程中,需要对原材料、生产过程和成品进行严格的质量控制。

统计学方法可以帮助分析数据,确定质量控制标准和程序,以确保产品符合规格要求。食品中可能存在各种有害物质(如细菌、病毒、化学物质等),统计学方法可以帮助设计适当的检测方法,并确定检测标准和程序,以确保食品的安全性。

为了满足消费者需求并提高产品口感与营养价值,食品企业需要不断开发新产品。统计学方法可通过市场数据分析来确定产品特性与需求,并优化配方和生产工艺,以提高产品质量与口感,同时,也能够评估食品成分及营养价值,从而指导人们提升健康饮食能力。

在进行大量数据分析时(如对于味道、成分、营养价值等),统计学方法可以帮助确定正确的数据处理方式和程序,提高研究结果的准确性与可靠性。

(一)广义与狭义试验设计

广义试验设计涉及多个因素或变量的设计,旨在探究它们之间的相互作用和影响。如一个广义试验可能会研究某种新药物对于患有不同病情、性别和年龄的患者治疗效果的差异,并考察药物剂量和用药时间等因素对治疗效果产生的影响;而一个狭义试验仅涉及单一变量或因素,其主要目的是探究该变量或因素对试验结果的影响。

以黄瓜营养效果试验为例,要研究黄瓜营养素对人体健康的影响,可设计一个广义试验,考察不同因素(如年龄、性别和饮食习惯)对黄瓜营养素吸收效果的影响。该试验需要考虑多个因素,以便更准确地了解黄瓜营养素的营养效果。

如果只是想研究黄瓜中营养素的最佳剂量,可以进行一个狭义试验来评估不同剂量黄瓜营养素对人体健康的影响,以确定最佳的营养效果。

(二)提供整理、分析数据资料的方法

对收集到的数据应用统计学原理和方法进行分析与解释,这就是统计分析的过程。其主要内容涵盖了以下几项。

(1)数据收集:收集并整理数据。

(2)数据预处理:对数据进行清理、去重、转换等处理。描述性统计分析是整理、分类、汇总、计算和展示数据,了解数据的基本性质、特征和分布情况的过程。

(3)统计推断:根据统计学原理和方法,对数据进行推断和预测。统计推断分析是一种利用样本数据对总体特征进行推断的方法,包括参数估计、假设检验、置信区间、回归分析、方差分析、时间序列分析、聚类分析等方法。

1)回归分析是一种建立数学模型来研究变量之间关系的方法,可以应用于多个领域,包括自然科学、社会科学和医学等。其包括简单线性回归、多元线性回归、逻辑回归等多种模型,可用于探索变量之间的关系,预测变量的值,以及分析多个变量之间的相关性。

2)方差分析是一种比较多组数据差异的方法,包括单因素方差分析和多因素方差分析等。

3)时间序列分析是一种对时间序列数据进行分析的方法,包括趋势、季节和周期等方面的分析。这种方法可以揭示时间序列数据的变化规律和特征,帮助研究者更好地理解数

据背后的影响因素和趋势。时间序列分析广泛应用于金融、气象、工业、交通等领域，可以帮助研究者做出更明智的决策。

4）将数据进行分类，找出相似性较高的数据组，包括层次聚类、K均值聚类等方法，这就是聚类分析。

5）对多维数据进行主成分分析可将其降维，并提取主要变量，从而简化数据分析过程。

（4）结果：对统计推断的结果进行解释和说明。

（5）结论与建议：根据统计分析的结果，提供结论与建议。

数据的描述、推断、回归、方差分析、时间序列分析、聚类分析和主成分分析等是统计分析的重要内容，有助于研究者更深入地了解和解释数据，提高数据分析的准确性和可信度。

假设某超市销售的茄子的价格在过去一年内发生了变化，现有2019年和2020年的茄子价格数据（表1-1），需要对这些数据进行整理和分析。

表1-1 2019年和2020年的茄子价格数据

年份	价格/(元·kg^{-1})							
2019	2.5	2.8	3	2.7	2.6	2.9	3.1	2.8
2020	2.9	3.2	3.1	3.3	3	3.2	3.4	3.1

数据收集：收集到的数据包括2019年和2020年的茄子价格数据。

数据清理：数据中没有无效数据和缺失值，不需要进行数据清理。

数据描述：计算2019年和2020年茄子价格的均值、中位数、标准差和极差，结果见表1-2。

表1-2 2019年和2020年茄子价格的描述指标

年份	均值	中位数	标准差	极差
2019	2.8	2.8	0.204	0.6
2020	3.15	3.15	0.156	0.5

绘制2019年和2020年茄子价格的直方图，如图1-1所示。

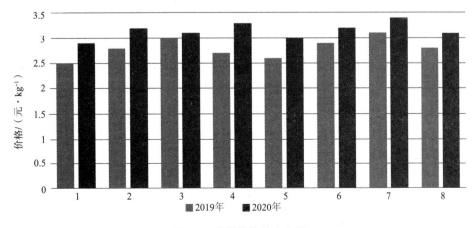

图1-1 茄子价格的直方图

数据推断：进行假设检验，检验2019年和2020年茄子价格的均值是否有显著差异。假设检验使用t检验，设定显著性水平为0.05，计算得到t值为3.86，自由度为13，查附表2可知，t临界值为2.145，t值小于t临界值，拒绝零假设，认为2019年和2020年茄子价格的均值存在显著差异。

根据数据分析结果可以得出结论，2019年和2020年茄子价格存在显著差异。可能原因包括茄子的生长环境、种植技术、供需关系等方面的变化。

(三)试验的特点与要求

(1)安全性：食品科学试验必须确保试验品的安全性。试验过程需要遵循相关的安全操作规程，并采取必要的安全措施，以确保试验品不会对人体造成危害。

(2)可控性：食品科学试验需要尽可能控制试验过程中的变量，以确保结果的准确性和可靠性。试验设计需要合理，试验过程需要按照预定的方案进行。

(3)精度：食品科学试验需要保证试验数据的精度和可靠性。试验数据需要进行严格的处理和分析，以确保结果的准确性。

(4)重复性：食品科学试验需要保证试验数据的重复性。在试验过程中需要进行严格的质量控制和检查，以确保试验结果的稳定性和可靠性。

(5)公正性：食品科学试验需要保证试验过程的公正性。试验参与者需要随机分组，在试验过程中需要按照公正的原则进行，以确保试验结果的公正性。

(6)科学性：试验必须基于科学的原理和理论，遵循科学的方法和规范。食品科学试验需要保证试验品的安全性、可控性、精度、重复性、公正性和可靠性。试验设计需要合理，试验过程需要按照预定的方案进行，以确保试验结果的准确性和可靠性。

(7)经济性：经济性是本书的重点之一，试验必须在经济合理的条件下进行，并尽量减少试验成本。

例如，蔬菜干加工是将新鲜的蔬菜进行清洗、切片、脱水、干燥等工艺处理制成干燥的蔬菜制品。其特点是保持了蔬菜的营养成分和口感，方便储存和携带，可长时间保存。在蔬菜干加工试验中，需要遵循以下要求。

(1)选择新鲜的蔬菜作为原料，并保持其新鲜度和品质。

(2)合理设计蔬菜的清洗、切片和脱水工艺，确保蔬菜的质量和营养成分不受损失。

(3)选择合适的干燥方法，如太阳能干燥、烘箱干燥、真空干燥等，同时，控制干燥温度和时间，确保蔬菜的质量和口感。

(4)对干燥后的蔬菜进行质量检测和分析，包括营养成分、色泽、口感等指标。

(5)在试验过程中，需要注意安全操作，如使用防护设备、避免操作失误等。

以上要求可以保证蔬菜干加工试验的科学性、可靠性、重复性、安全性和经济性。对蔬菜干加工工艺的探索和优化，也有助于提高蔬菜产品的品质和市场竞争力。

三、基本概念

(一)试验指标

样本量直接影响试验结果的可靠性和精度，是试验中的一个重要指标。

用于表示数据集中趋势的指标包括平均数、中位数和众数等中心位置指标。

离散程度指标如标准差、方差、极差等，可以衡量数据的分布情况。

用于度量两个变量之间相关程度的统计量包括相关系数、协方差等。

用于检验样本数据是否符合某种假设或是否存在明显差异的指标包括 t 检验、F 检验、卡方检验等。

用于研究因变量和自变量之间关系的回归分析指标包括相关系数、决定系数、残差分析等。

常见的统计学试验指标有以上列出的几个，根据试验的目标和需要选用合适的指标进行测试。还需要注意指标的选择和应用是否符合统计学原理，以确保试验结果的可靠性和有效性。

例如，某农场试验了两种不同施肥方案对花生产量的影响，对两组数据进行统计学分析。其数据见表1-3。

表1-3 两种不同施肥方案对花生产量的影响

施肥方案	花生产量/(kg·666.7 m^{-2})									
方案1	320	350	330	340	360	330	350	330	340	330
方案2	340	320	360	350	320	340	330	350	340	330

计算两组数据的均值、中位数、众数等中心位置指标，结果见表1-4。

表1-4 中心位置指标

施肥方案	平均	中位数	众数
方案1	338.000	335.000	330.000
方案2	338.000	340.000	340.000

计算两组数据的标准差、方差、极差等离散程度指标，结果见表1-5。

表1-5 离散程度指标

施肥方案	标准差	方差	全距
方案1	12.293	151.111	40
方案2	13.166	173.333	40

计算两组数据的偏度和峰度等分布形态指标，结果见表1-6。

表1-6 分布形态指标

施肥方案	偏度		峰度	
	统计量	标准误差	统计量	标准误差
方案1	0.467	0.687	−0.544	1.334
方案2	0.088	0.687	−0.751	1.334

计算两组数据之间的相关系数和回归方程，结果见表1-7。

表 1-7　相关性指标

相关性		方案 1	方案 2
方案 1	Pearson 相关系数	1	−0.645
	显著性(双侧)		0.044
	平方与叉积的和	1 360.000	−940.000
	协方差	151.111	−104.444
	N	10	10
方案 2	Pearson 相关系数	−0.645	1
	显著性(双侧)	0.044	
	平方与叉积的和	−940.000	1 560.000
	协方差	−104.444	173.333
	10	N	10

从上表可知，利用相关分析去研究方案 1 和方案 2 之间的相关关系，使用 Pearson 相关系数去表示相关关系的强弱情况。具体分析可知：

方案 1 和方案 2 之间的相关系数值为 −0.645，并且呈现 0.05 水平的显著性，因而说明方案 1 和方案 2 之间有着显著的负相关关系。

(二)试验指标的分类

(1)量度标准是可直接量化的，如数量、长度、质量、时间等，可以用量具、仪器、工具等进行测量和计算。

(2)计量指标可以用于测量特定事件的数量，如网站的访问次数、销售量、用户数等。

(3)变异系数是衡量数据分布离散程度的统计量。

(4)试验指标是指用于检验、评估或衡量试验对象的性能、特征或质量的指标变异度量。试验指标通常可分为定量指标和定性指标两类。

以味精为例，以下是味精常见的试验指标分类。

(1)定量指标：数量化分析结果来描述试验对象的性能或特征。

1)含量：试验味精产品中的总氨基酸含量要符合规定的标准化要求，如《谷氨酸钠(味精)》(GB/T 8967—2007)的规定。

2)酸值：表征味精的酸度，酸度越高，质量越差，不易储存。

3)水分：表征味精的含水量过高或过低均会影响味精的稳定性，导致产品质量下降。

4)氨基酸含量：表征味精中的谷氨酸、天冬氨酸等氨基酸的含量，是区分优质味精和劣质味精的关键指标之一。

(2)定性指标：通常用于表征设计试验对象的重要性能或特征，但是由于无法数量化表示，通常采用分类或观察法等方式进行评估。

1)味道：味精的主要品质指标之一，通常可以进行专业的品鉴，用口感和体验来描述味精的品质。

2)含杂质情况：杂质如杂菌、重金属等会严重影响味精的品质，这种指标通常需要进行目测或使用显微镜等方法进行精细观察。

3)外观：包括味精产品的颜色、形状和包装等方面，是展现产品质量与品牌形象的重要指标之一。

针对不同的试验对象，选择合适的定量指标和定性指标非常重要，以确保试验的客观性和准确性，为后续产品研发和市场推广打下良好基础。

(三)试验因素

因素是指在统计学中，用于解释和影响试验数据变化的一些条件、指标、数量等。这些因素可以是独立变量、控制变量或干扰变量，它们对统计分析和推断的结果具有重要的影响。统计学因素可以包括以下几个方面的因素。

独立变量：独立变量是研究中的自变量，它们被操纵或选择，并假定对被观察的因变量产生影响。独立变量是用于解释数据变化的关键因素，例如，研究教育成绩的统计学因素可能包括学习时间、学习方法等。

控制变量：控制变量是在统计分析中控制或保持恒定的变量。通过控制其他可能影响因变量的变量，可以减少干扰因素对统计结果的影响，从而增加研究的准确性和可靠性。例如，在研究学习成绩时，可能需要控制学生的年龄、性别和背景等变量。

干扰变量：干扰变量是在统计分析中可能干扰因变量与独立变量之间关系的变量。干扰变量可能会引入误差或混淆结果，因此需要在统计分析中加以控制或排除。例如，在研究药物疗效时，可能需要控制患者的年龄、性别和疾病严重程度等干扰变量。

在进行统计分析时，我们需要仔细考虑和控制这些因素，以确保统计结果的准确性和可靠性，从而对现象或问题进行科学的解释和推断。

(四)因素水平

因素水平是指每个因素可能的取值或条件，它描述了因素的具体变化范围或具体的处理条件。在实际实验中，我们需要选择几个不同的因素水平来比较它们对研究结果的影响。

假设我们想研究不同肥料对植物生长的影响。在这个实验中，肥料就是因素，而每种具体的肥料类型就是因素水平。因素是肥料，因素水平是有机肥和化学肥。我们可以选择不同的因素水平，比如给一组植物使用有机肥，另一组植物使用化学肥，然后观察它们的生长情况。

假设研究蛋糕制作中添加不同添加剂对味道的影响，添加剂是试验中的因素，不同的量是因素水平。将蛋糕分为三组不同的添加剂，设定了0.01%和0.02%两个因素水平。对每组进行独立的试验，在相同的制备条件下使用不同添加剂和不同因素水平的添加剂。

可以在比较三组蛋糕时考虑添加剂的影响，并设置不同的添加量来探索因素水平对蛋糕口感的影响。检查不同因素水平下蛋糕质量的值，可以了解因素水平对味道的影响及差异是否显著，从而得出最终结论。

合理设置因素水平是非常重要的。合理设置不同的因素水平，可以更有力地支持试验结果的可靠性和准确性。值得注意的是，在设置因素水平时，应充分考虑实际情况，确保尽可能准确地反映实际情况，避免造成错误和不必要的成本浪费。

(五)全面试验与部分实施

全面试验是指对所有因素、变量和条件都进行全面考虑与实施的试验，以获得尽可能多的信息和数据。例如，在黄瓜产量试验中，全面试验可能涵盖土壤质量、气候条件、种植密度、种植方式、施肥量、灌溉量等所有可能影响黄瓜产量的因素，以获取尽可能多的影响因素和数据,从而更全面地了解黄瓜产量的影响因素和规律。

在试验中只考虑和实施部分因素、变量与条件的方法被称为部分实施。这种方法可以节省时间和成本,或者更准确地研究某些特定因素或变量对试验结果的影响。在黄瓜产量试验中,部分实施可能只考虑土壤质量和施肥量等少数因素对黄瓜产量的影响,以便更准确地研究这些因素对产量的影响。

在黄瓜产量试验中,全面试验和部分实施各有其利弊。全面试验能够收集更全面的数据和信息,但需要更多的时间和成本,并可能受难以控制的因素影响而影响结果准确性。部分实施则可以节省时间和成本,同时,对某些特定因素或变量的影响进行更准确的研究,但可能会忽略其他重要因素而导致结论不全面。在进行黄瓜产量试验时,需要根据实际情况综合考虑选择全面试验或部分实施方法。

(六)研究对象

研究对象为随机现象及其规律性。具体而言,统计学的研究范围包括数据收集、整理和描述,即如何有效地获取并清晰地呈现数据,以便更好地理解和分析;概率论与数理统计,即如何利用这些方法来分析数据并得出结论;统计推断,即如何利用样本数据推断总体特征,包括参数估计和假设检验等;实证研究,即如何验证理论模型和假设,并探索变量之间的关系与影响;数据挖掘,即如何运用技术手段发现其中的规律与模式,并建立预测或分类模型等。

在葡萄种植和酿酒过程中,研究对象也是一项非常重要的工具。

(1)葡萄种植过程中的研究对象。

1)葡萄的生长周期和产量:对于葡萄种植者来说,了解葡萄的生长周期和产量情况是非常关键的。可以统计收集到的葡萄生长数据,如开花时间、花期、果期、最佳采摘期等,分析和预测葡萄的产量与品质。

2)葡萄的品种和品质:对于酿酒厂家来说,选择合适的葡萄品种和控制葡萄的品质是保证酒质的重要因素。可以对葡萄品质进行评估和分类,如测定酸度、pH值、含糖量、果实大小等试验指标,对葡萄品质进行统计分析和挖掘。

(2)酿酒过程中的研究对象。

1)酒液的酿造过程和成分:对于酿酒厂家来说,控制酿造过程和酒液成分对保证酒质是非常关键的。可以对酿造过程进行全程监测,如测量发酵速率、酵母活性、温度等,对酿酒过程进行统计分析。还可以分析酒液的成分,如测量酒液中的含糖量、酸度、pH值、酒精度等试验指标,控制酒质。

2)酒类产品的品质和营销:对于酒类行业来说,了解酒类产品的品质和畅销情况是非常重要的。可以对消费者进行市场调查,如了解消费者喜好、购买力等,分析和预测产品的市场需求。还可以采用盲品测试、酒品评选等方法对酒的品质进行统计分析和比较。

葡萄种植和酿酒过程中的统计学应用非常广泛,可以用于预测和控制葡萄产量和品质,优化酿酒过程和成分,并提升酒类产品的品质与市场竞争力。

(3)总体、个体和样本是统计学中常用的概念,它们在食品相关研究中也具有重要的应用。

假设研究某种食品在不同口味下的受欢迎程度,则该食品生产量可被视为总体。个体是指总体中任何一个成员,如每份制作出来的食品都可以被视为总体中的个体。由于无法对整个总体进行测试,故需要从其中抽取样本进行试验。在试验过程中,可以随机抽取若干制作出来的食品,并让参与者进行品尝和评价调查。这部分被称为样本,并对其测试和研究结果推断出总体情况。与选定口味其他种类比较，可以比较不同口味下美食鉴赏受欢迎程度。这样就能够在样本内对不同口味下美食能否得到认可及其受欢迎程度进行评估，并获得一些统计信息。

将这些统计信息推广至总体，以得出关于各种口味美食能否得到认可及其受欢迎程度趋势等结论。在涉及餐饮领域时，"总体""个性""样本"三大概念显然非常重要，必须掌握并娴熟运用。

总体、样本、参数、统计量的概念及其关系。

（七）试验误差与偏差

试验误差和偏差是食品相关的研究和试验中常见的概念，描述了试验结果与真实结果之间的差异和误差源。

（1）试验误差。试验误差是由试验设计、测量方法和试验操作等因素引起的，这些原因会导致同一试验中多次测量结果之间存在误差。在烘焙面包的试验中，材料配合比、烘焙温度和时间等方面的微小变化都可能带来试验误差，从而导致每次测量结果出现偏差。虽然试验误差无法避免，但可以进行多组重复试验来减少其影响，并提高试验的可靠性和准确性。

（2）偏差。偏差是指试验结果与真实结果之间的差异，其不可避免地影响着试验结论的准确性和可靠性。在烘焙面包试验中，系统性因素如操作、样品选择和测量方法等方面可能导致偏差，从而影响样品之间的比较及最终得出的结论。如果每次测量时材料配合比、烘焙温度或时间存在偏差，则所制作出来的面包也会存在一定程度上的误差。

为了降低误差，应采用适当的试验设计和测量方法，并进行多次重复试验，以减少由各种因素引起的随机误差，从而提高试验结果的稳定性和可靠性。

在食品相关试验中，试验误差和偏差具有重要的作用，可评估试验结果的准确性和可靠性。为降低其影响，需要采用适当的试验设计和测量方法，并进行多组重复试验，以提高结果的可靠性与准确性。

四、试验设计的基本原则

1. 为什么要做重复试验？
2. 举例说明试验的随机化措施。

（一）重复试验

重复试验是在相同条件下对相同或不同样品进行多次试验，以获得更加稳定可靠的数据和结论。在食品相关研究中，重复试验能有效减少误差提高试验的可靠性和准确性。

例如，为了尽可能准确地评估该咖啡的口感，需要在相同环境下多次品鉴同一杯咖啡，以降低由个人口味偏好等因素引起的误差。

可以复制多组样品，按照相同的流程进行品鉴。每组样品都可视为一个重复试验，以提高试验数据的稳定性和准确性，并使数据更易于分析和解释。

多次重复试验，可以获得更准确的评价结果，通过比较不同组样品的评价结果以确定异同之处，从而得出更可靠的结论。在进行重复试验过程中，还可以对不同组样品进行比较分析，探究口感受影响因素，为咖啡制作提供改进和提升建议。

在食品研究中，重复试验具有显著的应用价值，可降低偏差和误差，提高试验结果的准确性和可靠性。在咖啡及其他食品品类中，采用多组样本进行重复试验，能够为口感评估研究提供支持。

(二)基本原则

(1)随机性原则：试验中应随机选取样本或分组，避免选择偏差和试验结果的误差。

(2)控制原则：试验中应控制可能影响试验结果的因素，尽量保持试验条件的一致性，避免试验结果的误差。

(3)重复性原则：试验中应多次重复试验，以提高结果的可靠性和稳定性。

(4)对照原则：试验中应设置对照组，以比较试验组与对照组之间的差异，从而判断试验结果是否具有实际意义。

以茶叶试验为例：随机性原则——在试验中随机选取一定数量的茶叶样本作为试验组和对照组，避免样本选择偏差和试验结果误差；控制原则——在试验中控制可能影响试验结果的因素，如茶叶的生长环境、采摘时间等，尽量保持试验条件一致性，避免试验结果误差；重复性原则——在试验中多次重复试验，以提高结果可靠性和稳定性；对照原则——在试验中设置对照组，如将试验组的茶叶经过特定处理与不进行处理的对照组比较来判断是否具有意义。遵循上述基本原则可以使茶叶试验证据更加准确、可靠，并且能够指导其生产与加工。

五、试验数据的分析计算

(一)平均指标

平均指标是可将总量分为总数的一种数值指标，也称为平均值。其反映了研究对象某一方面的整体水平，代表着各个样本特征的综合表现。在农业领域中，平均指标可用于衡量农作物产量、品质和生长等。

具体而言，农作物产量平均指标是指在一定面积(或体积)内某种农作物可获得的平均产量。常见的农作物产量平均指标包括单株产量、块根产量、单位面积产量和单位体积产量等。这些指标应根据实际情况进行选择和衡量。例如，在花生方面，通常采用单位面积(如每平方米或每公顷)来衡量其平均产值。

花生产量的平均指标可以进行以下试验：首先对一定面积的土地进行花生种植，收获所有花生并计算总质量；然后根据种植面积(如 $100~m^2$)和收获总质量(如 $200~kg$)来计算平均产量，如单位面积平均产量为 $200/100=2~kg/m^2$。

分析花生产量平均指标，可以帮助农民优化管理和种植策略，提高生产效率和经济效益。政府农业部门也可根据产量平均指标评估某一农业区域的综合生产能力和发展潜力。

(二)算术平均数

算术平均数是指一组数据中所有数据之和除以数据的总个数的结果，用于衡量这组数据的中心位置。在统计学中常用符号"$\bar{x}$"(读作"x-bar")表示算术平均数。

假设一家面条加工厂每日生产的面条质量数据为 100 kg、120 kg、110 kg、98 kg、115 kg。这家面条加工厂 5 天的生产面条总质量为 543 kg，这 5 天的日均生产面条质量计算如下：

$$\bar{x}=(100+120+110+98+115)\div 5=108.6(\text{kg})$$

这家面条加工厂的日均生产面条质量为 108.6 kg。

算术平均数的计算方法简单易懂，被广泛应用于实际生活和工作中。其主要功能是衡量数据集合的中心位置，并可用于数据比较、预测和分析等方面。以面条加工厂为例，计算平均值可以了解该工厂的日常生产水平，确定面条生产规模。算术平均数存在一定局限性，特别是在数据波动大时更为明显，此时还可以使用其他指标如中位数、众数等进行衡量。算术平均数也适用于其他类型的数据，如温度、人口和财务数据。

(三)调和平均数

调和平均数是一组数的倒数的算术平均数，表示这组数的倒数的平均值。调和平均数的计算公式如下：

$$H=\frac{n}{\sum_{i=1}^{n}\frac{1}{x_i}}$$

式中，H 为调和平均数；x_i 为第 i 个数值；n 为数值的个数；$\sum$ 为求和符号。

调和平均数常常用来计算速度、频率等与时间相关的量的平均值。假设一辆汽车在前 10 km 行驶的速度为 60 km/h，在接下来的 10 km 行驶的速度为 90 km/h，则这段路程的平均速度可以采用调和平均数来计算：

$$H=\frac{2}{\frac{1}{60}+\frac{1}{90}}=72(\text{km/h})$$

从计算结果知这段路程的平均速度为 72 km/h。

调和平均数对极端值非常敏感。如果数据中存在极端值，其可能会严重影响调和平均数的计算结果。在使用调和平均数时，必须考虑数据分布情况及其对计算结果的影响。

假设某辆车行驶了 $d_1=200$ km，速度为 $v_1=50$ km/h，另一辆车行驶了 $d_2=300$ km，速度 $v_2=60$ km/h。想要计算这两辆车的平均速度。

(1)计算出两辆车速度的倒数的平均值，即

$$\frac{1}{v_{\text{hm}}}=\frac{\frac{1}{v_1}+\frac{1}{v_2}}{2}=\frac{\frac{1}{50}+\frac{1}{60}}{2}\approx 0.018$$

(2)求其倒数，得到调和平均数，即

$$v_{\text{hm}}=\frac{1}{0.018}\approx 55.6(\text{km/h})$$

这两辆车的平均速度为 55.6 km/h。

(四)几何平均数

几何平均数(GM)是一种计算一组数据的平均值的方法,与算术平均数、中位数和众数相同,是统计学中非常常见的概念之一。

1. 几何平均数的计算方法

将给定的一组数据相乘,即 $a_1 \times a_2 \times a_3 \times \cdots \times a_n$,然后将结果开 n 次方根,即 $\sqrt[n]{a_1 \times a_2 \times a_3 \times \cdots \times a_n}$,则得几何平均数。

假设有一组数据代表某种食品产品的销售量,分别为 1 000、2 000、3 000、4 000 和 5 000,那么这组数据的几何平均数为 $\sqrt[n]{a_1 \times a_2 \times a_3 \times \cdots \times a_n} \approx 2\,605.17$。

这种食品产品的平均销售量为 2 605.17。

2. 几何平均数的规则

(1)几何平均数只适用于非负数数据。

(2)几何平均数的值通常比算术平均数的值小。

(3)几何平均数的值受极端值的影响较大。

(4)几何平均数的值可以用于计算复合增长率。

假设某家餐厅在过去 5 年的年收入数据为 100 万元、120 万元、130 万元、140 万元和 150 万元。计算这 5 年年收入的几何平均数。

将这 5 年的年收入相乘,得 $100 \times 120 \times 130 \times 140 \times 150 = 32\,760\,000\,000$。

然后将这个数开 5 次方根,即

$$\sqrt[n]{a_1 \times a_2 \times a_3 \times \cdots \times a_n} \approx 126.79(万元)$$

这家餐厅在过去 5 年的年收入的几何平均数约为 126.79 万元。

几何平均数可以用于计算一个企业或行业在一段时间内的平均增长率,从而判断其经营状况的好坏。

(五)中位数和众数

1. 中位数

中位数是一组数据中居于中间位置的数,即将一组数据按大小顺序排列,如果数据个数为奇数,则中间位置的数为中位数;如果数据个数为偶数,则中间位置的两个数的平均数为中位数。

假设有一组数据代表某家餐厅每天的顾客数,分别为 30、40、50、60、70、80,那么这组数据的中位数为 55。

2. 众数

众数是一组数据中出现次数最多的数。假设有一组数据代表某种食品的销售量,分别为 1 000、2 000、3 000、4 000、4 000、5 000,那么这组数据的众数为 4 000。

3. 中位数和众数的应用

假设某家餐厅在过去 5 年中的年收入数据为 100 万元、120 万元、130 万元、140 万元和 150 万元。计算这 5 年年收入的中位数和众数。

将这 5 年的年收入从小到大排列,得到 100 万元、120 万元、130 万元、140 万元、150 万元。

因为这组数据的个数是奇数,所以中位数是中间位置的数,即 130 万元。

而这组数据中没有重复的数,所以众数是不存在的。

中位数可以用于描述一组数据的典型值,而众数可以用于描述一组数据中出现最频繁的数字,其有助于更好地理解数据的分布规律。

六、标志变异指标

(一)标志变异指标的概念

标志变异指标(BBI)是一种常用的食品质量评估指标,其计算基于特定成分(如脂肪、蛋白质等)含量的变化趋势,可反映随时间或储存条件而发生的变化。在食品加工和销售领域中,BBI 具有重要的意义,可以帮助判断食品是否符合质量标准。

以评估肉制品的新鲜度为例,可以采用肌肉中的肌酸磷酸(CrP)含量作为生物指标来评估其质量变化。CrP 是一种与肌肉活动强度和氧气供应相关的化合物,随着时间推移会逐渐降解。CrP 含量的变化可以反映肉制品新鲜度的变化。

可以将不同的肉制品样品置于相同的储存条件下(如 0 ℃ 或 4 ℃ 的冰箱中),每天或每隔几天取出一个样品,检测其 CrP 含量,并计算 BBI。BBI 的计算公式通常如下:

$$BBI = (CrP 初始含量 - CrP 当前含量)/CrP 初始含量$$

BBI 值越高,表示肉制品的储存时间越长,质量变化越大,新鲜度下降得越快。当 BBI 值超过某个阈值时,该肉制品已经变质不适合食用。使用 BBI 可以帮助食品加工和销售企业及时评估食品的质量变化,避免出现无法食用的情况,提高食品的品质和安全性。在肉制品生产和销售中,BBI 也可用于指导储存温度和储存时间设定,以保障肉制品新鲜度与质量。

CPK 值是一种用于评估产品的质量稳定性的统计指标,全称为过程能力指数(Capability Process Index)。它用于衡量一个过程在给定规范范围内生产产品的能力。

评估产品的质量稳定性时,可以使用 CPK 值来判断一个过程是否能够稳定地生产符合规范要求的产品。CPK 值是通过计算过程的分布与规范范围之间的差异来确定的。

具体来说,CPK 值是根据过程的平均值、标准差及规范范围来计算的。它考虑了过程的中心位置和分布的稳定性。CPK 值的计算公式如下:

$$CPK = \min[(USL - \mu)/(3\sigma), (\mu - LSL)/(3\sigma)]$$

式中,CPK 为过程能力指数;USL 和 LSL 分别为规范上限和下限;μ 为过程的平均值;σ 为过程的标准差。

CPK 值通常在 0~1,越接近 1 表示过程的质量稳定性越高,能够稳定地生产符合规范要求的产品。当 CPK 值小于 1 时,说明过程的质量稳定性较差,可能会产生较多的不合格产品。

通过评估产品的质量稳定性,可以识别出存在问题的生产过程,并采取相应的改进措施,以提高产品的质量和生产效率。

(二)标志变异程度的测定指标

1. 极差

极差是一组数据中最大值和最小值的差值。以黄瓜产量为例,如果某个农场在一年中的最高产量为 1 000 t，最低产量为 100 t，则该农场的黄瓜产量的极差为 900 t。

2. 标准差

标准差也称均方差，是衡量变异程度最重要的指标之一。与平均偏差具有基本相同的含义，但在数学性质上更为优越。由于各观测值对算术平均数离差的平方和最小，通常采用标准差来反映变异程度大小。

3. 标准差系数

标准差系数是一个用来描述数据分布偏离平均值的系数，它可以看作是标准差的一种估计值。标准差系数是用来表示一组数据相对于其平均值的离散程度的度量，它可以用来比较不同组数据之间的差异性。

在统计学中，标准差系数的值为标准差与平均值的比值的平方根。它的取值范围在 0~1，其中 1 表示数据完全符合平均值，0 表示数据完全服从于平均值。标准差系数越接近 1，表示数据越集中；越接近 0，表示数据越分散。标准差系数只是一种估计值，它不能完全反映数据的真实分布情况，因此在使用标准差系数时需要谨慎。同时，标准差系数也不是适用于所有情况的，比如对于非正态分布的数据，标准差系数的使用可能会产生偏差。

4. 平均差和标准差区别与联系

平均差和标准差是衡量食品研究中数据的离散程度的常见指标。

平均差是指试验数据中，各数据值与其平均值之间的差异的平均数。在评估面包制品口感时，可以进行多组重复试验，测量不同样品的口感得分，并计算它们与平均得分之间的偏离程度。这些偏离程度的平均值即为平均差，可以反映样品口感方面的变异性和不确定性。较小的平均差表明口感得分更加稳定且更接近于该面包制品真实口感得分。

标准差是一种常见的数据离散程度指标，用于衡量各个数据值与平均值之间的偏离程度。在进行面包制品口感评估时，可以计算每个样品得分与平均得分之间的差值，并将这些差值平方并求和，最后除以样品数并开根号来获得标准差的值。标准差越大，则说明样品得分之间的差异越大，样品口感得分的离散程度也就越大；反之亦然。

平均差和标准差是用于衡量食品研究数据离散程度的重要指标，其可协助评估样品在口感方面的稳定性与可靠性。当进行多组重复试验时，可以根据计算出的平均差和标准差来评估样品间的异质性，并进一步分析其原因，以提高样品的质量及口感。

假设要比较不同啤酒品牌的酒精含量，可以随机选取多瓶酒进行测量，并计算出各样品的平均值和标准差。用标准差系数来衡量不同啤酒品牌酒精含量的离散程度，则可得到以下计算公式：

$$标准差系数 = 标准差 / 平均值$$

如果不同品牌啤酒的标准差系数相等，则说明它们酒精含量的变化趋势相似，差异较小。若不同品牌啤酒的标准差系数不同，则表明它们酒精含量的波动范围存在显著区别，差异较大。类似地，在食品相关研究中，也可以运用标准差系数比较各样本之间的离散程度，以协助评估其质量和稳定性。在对比多个葡萄酒品牌时，可以根据平均值和标准差计算出标准差系数，并进一步比较各品牌葡萄酒在酸度方面的变化幅度。

标准差系数是一种相对指标，用于衡量数据的离散程度，可用于比较不同样品或试验数据之间的差异性和稳定性。在食品相关研究中，可以将其应用于评估不同食品样品的质量和稳定性，以提高食品研究的可靠性和准确性。

5. 非标准化标准差

非标准化标准差也称为样本标准差，是指在一组数据中，每个数据与平均数的差的平方的平均值再开方，即

$$S=\sqrt{\frac{\sum(x_i-\overline{x})^2}{n-1}}$$

式中，x_i 为每个数据；n 为数据个数；$\overline{x}$ 为平均数。

非标准化标准差反映了数据波动的程度。如果非标准化标准差较大，则说明数据波动较大；反之亦然。但非标准化标准差数值与数据单位有关，不能用于不同单位的数据比较。在小样本情况下，非标准化标准差会受样本容量影响，因为较小样本容量可能导致样本方差被高估。

非标准化标准差是指数据集合中各项数据与其平均值之间的离散程度，常用于描述数据分布的偏移情况。以下以食品相关案例说明非标准化标准差在实践中的应用。

某餐厅在一个月内对顾客的评分进行了统计，得到以下评分数据：7、8、6、9、7、8、8、9、10、6、7、8、9、8、8、7、6、9、8、10。为了了解顾客满意度的分布情况，可以计算这些数据的非标准化标准差。

计算平均值：(7＋8＋6＋9＋7＋8＋8＋9＋10＋6＋7＋8＋9＋8＋8＋7＋6＋9＋8＋10)/20＝7.9。

计算离差：每个评分减平均值得到的差值为−0.9、0.1、−1.9、1.1、−0.9、0.1、0.1、1.1、2.1、−1.9、−0.9、0.1、1.1、0.1、0.1、−0.9、−1.9、1.1、0.1、2.1。

计算平方和：$(-0.9)^2+0.1^2+(-1.9)^2+1.1^2+(-0.9)^2+0.1^2+0.1^2+1.1^2+2.1^2+(-1.9)^2+(-0.9)^2+0.1^2+1.1^2+0.1^2+0.1^2+(-0.9)^2+(-1.9)^2+1.1^2+0.1^2+2.1^2=27.8$。

计算方差：27.8/(20−1)≈1.46。

计算非标准化标准差：$S=\sqrt{\dfrac{\sum(x_i-\overline{x})^2}{n-1}}\approx 1.208$。

这些评分的非标准化标准差为1.208，表示顾客对该餐厅的评分分布比较分散。

七、任务实施

分析工作任务可知，利用几何平均数、中位数、众数等指标可以评估状况。

（1）几何平均数。几何平均数是所有数值的乘积的 n 次方根，其中 n 为数据个数。所以，这道题中的几何平均数如下：

$$\mathrm{GM}=\sqrt[n]{a_1\times a_2\times a_3\times\cdots\times a_n}\approx 9.25$$

（2）中位数。中位数是将所有值按大小顺序排列，取正中间的值。由于数据个数为偶数，首先需要计算中间两个值的平均数，即(9＋10)/2＝9.5，这组数据的中位数为9。

（3）众数。众数是出现次数最多的数值。由于10出现最多，这组数据的众数为10。

几何平均数、中位数和众数均可用于描述评分结果的平均水平与特征。其中，几何平均数更注重变化率，反映了在各个评分值上平均值的百分比变化情况；中位数则是所有数

据中间的那个点，不受极端数据影响；而众数则突出了评分结果最显著的特征——大多数得分为 10 分，少部分得较低分。

这组数据的几何平均数表明，整体评分约为 9 分，但评分范围较广；中位数表明，一半的评分为 9 分，另一半为 10 分；众数表明，大多数评分都是 10 分，结果偏向高端。

任务二　分析统计资料

工作任务描述

某超市在过去一年中销售了 100 瓶品牌 A 的酱油，销售量的数据见表 1-8。

表 1-8　酱油销售量的数据

序号	销售量/瓶
1	50
2	70
3	60
4	80
5	45
6	55
7	65
8	75
9	90
10	85

求销售量的平均数、中位数，求销售量的标准差、方差、变异系数。

知识目标

1. 掌握资料的整理方法。
2. 掌握统计表和统计图的绘制。
3. 掌握资料特征数的计算方法。
4. 掌握异常数据的检出方法。

能力目标

1. 掌握统计表和统计图的绘制。
2. 学会资料特征数的计算方法。

素质目标

1. 具有法制观念和依法进行食品安全生产加工、储藏、运输的意识。
2. 坚持科学发展观，强调食品统计学的科学性和实践性，推动食品的健康发展。

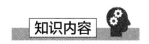

一、数理统计中的常用术语

1. 总体、样本、参数、统计量的概念及其关系。
2. 准确性、精确性的概念及其关系。

(一) 总体和样本

总体和样本是统计学中常用的两个概念。总体是指研究对象的全集；而样本则是从总体中随机抽取的一部分。在食品研究领域，对于总体和样本进行分析与推断也是必不可少的。

以调查某地区学生的早餐偏好为例，需要了解该地区学生的总体情况。可能的总体包括所有学生、某个年级或特定群体（如住校学生）。然而，由于时间和经费限制，无法对所有人进行调查，故需要从总体中抽取样本，并对其早餐偏好进行调查和分析。

样本选择必须确保其代表性，即所选学生群体的特征应与总体相似。否则，得到的样本结果可能会失真。在调查该地区学生早餐偏好时，若只选取某一所学校的学生作为样本，则无法代表整个地区的学生群体。

通过样本数据的分析和推断，可以推断出总体的某些特征和规律。在研究饮食习惯与身体健康之间的关系时，对某一地区样本数据进行分析，能够推断该地区整体饮食习惯与身体健康之间的联系，并为该地区公共卫生政策提供建议。总体和样本是统计学中常用概念，在食品研究中也具有重要的应用。在调查食品相关问题时，对样本数据进行分析和推断，能够推测出总体的某些特征和规律，以提高食品研究的有效性和可靠性。

(二) 参数和统计量

参数和统计量是统计学中常用的概念，它们分别用于描述总体和样本的特征，并进行参数估计和假设检验。

参数是总体特征的概括性指标，如总体均值、标准差、方差等。在食品相关研究中，也经常需要了解某些食品指标的总体均值、标准差等参数，以更好地研究其质量和安全性。在研究某食品制品的细菌含量时，可以计算总体平均细菌数量、细菌数量分布的标准差等统计学参数来了解该食品的细菌污染情况。

统计量是描述样本特征的概括性指标，如平均值和方差。在食品相关研究中，需要从样本数据中估计出某些特征的统计量，如平均值和方差。在研究某种食品添加剂效果时，可以将一批制品分为添加和不添加该食品添加剂两组，并计算两组样本的平均值、方差等统计量，以比较其对食品质量提升是否显著。假设检验和推断可进行参数与统计量之间的估算与比较，以了解有关食品安全性、质量等问题。在测试食品添加剂安全性时，可利用统计学参数及统计量之间的差异对样本数据进行试验，并推断该添加剂是否安全或需要进一步调整或禁用。

(三)准确性和精确性

如在叶面肥药效试验中,准确性和精确性是两个相关但不同的概念。

准确性是指测量结果与真实值之间的接近程度,即测量结果是否正确;而精确性则关注于测量结果的稳定程度和重复性,即测量结果是否一致。为了验证叶面肥对作物生长的影响,在试验中需要设置对照组进行比较分析,以保证数据可靠。

精确的测量和重复试验可以得出准确可靠的结论,指导农民正确使用叶面肥,以提高作物产量。在实际应用中,准确性和精确性都非常重要,但其重要程度取决于具体场景。

二、数据资料的分类

正确的试验数据分类是统计资料整理的前提。在调查或试验中,根据观察和测量所得数据资料的性质不同,一般可分为数量性状资料、质量性状资料和半定量(等级)资料三大类。在农产品加工过程中,有时需要进行数据资料统计,例如每天记录水果加工厂加工苹果的数量、蔬菜加工厂处理番茄的数量等。

假设在过去10天里,水果加工厂每天加工的苹果数量为150箱、120箱、130箱、140箱、160箱、170箱、180箱、190箱、200箱、210箱。可以使用计数资料的统计方法,计算出苹果加工厂每天平均加工的苹果数量。计算方法如下:

计算出所有数据的和:$150+120+130+140+160+170+180+190+200+210=1\ 650$(箱)。

计算数据的个数:10。

将数据的和除以数据的个数,得到平均值:$1\ 650 \div 10 = 165$(箱)。

苹果加工厂每天平均加工165箱苹果。

除计算平均值外,还可以计算其他统计量,如中位数、众数、方差等。这些统计量可以帮助农产品加工厂更好地了解自己的生产情况,及时调整生产计划,提高生产效率。

(一)数量性状资料

在食品加工过程中,常常需要统计数量性状资料,例如统计每包糖果的质量、每个饺子的大小等。

假设有10包糖果,每包糖果的质量为50 g、55 g、52 g、48 g、54 g、51 g、49 g、53 g、57 g、56 g。可以使用数量性状资料的统计方法,计算出每包糖果平均质量、质量的中位数、质量的极差等统计量。计算方法如下:

计算所有数据的和:$50+55+52+48+54+51+49+53+57+56=525$(g)。

计算出数据的个数:10。

将数据的和除以数据的个数,得到平均值:$525 \div 10 = 52.5$(g)。

每包糖果的平均质量为52.5 g。

计算出数据的中位数:中位数是将所有数据按从小到大的顺序排列,找出中间位置的数据。由于这里有10个数据,中间位置是第5个数据和第6个数据。将它们的值相加并除以2,得到中位数:$(52+53) \div 2 = 52.5$(g)。

每包糖果的质量的中位数为52.5 g。

计算出数据的极差：极差是最大值减最小值。由于最大值为 57 g，最小值为 48 g，极差为 57－48＝9(g)。

每包糖果的质量的极差为 9 g。

除这些统计量外，还可以计算出方差、标准差等统计量，以帮助食品加工厂更好地了解自己的生产情况，及时调整生产计划，提高生产效率。

(二)质量性状资料

质量性状资料是描述物品质量特征的数据，通常为定性数据，如颜色、形态和气味等。这些数据无法用数字表示。在许多领域中，例如肉制品加工中的食品科学，质量性状资料具有重要的意义。其方法包括以下三种。

1. 统计次数法

统计次数法是一种常用的食品检验方法，通过对样品中特定成分存在次数进行统计来判断其合格性。在检测某种食品中的细菌数量时，可从样品中取出一定量的菌落，并在培养基上进行培养。完成后，可统计培养基上菌落数量，计算出样品中细菌数量，以判断是否符合标准。

有一家饮料生产厂家想要检测其生产的某款饮料中是否含有防腐剂。采用统计次数法，可以从不同批次的饮料样品中，每次取出一定量的样品，在不同的条件下进行检测。检测结果表明，其中 90% 的样品中未检测到防腐剂，10% 的样品中检测到微量的防腐剂。根据相关标准，该款饮料中防腐剂的含量应该小于或等于 0.05%，可以判断该批次饮料未超过限制，达到了合格标准。

2. 给分法

给分法是一种常用的食品质量评价方法，对样品的外观、口感和香味等方面进行打分，以判断其质量。在评估糕点质量时，可以从色泽、形状和表面光泽度等方面考虑外观；从松软度、细腻度和滑润度等方面考虑口感；从浓郁程度和持久性等方面考虑香气。

有一家饼干生产厂家生产了一批新品饼干，想要评价其质量。在评价过程中，从外观、口感、香味三个方面进行评分，其中满分均为 10 分。评分结果表明，外观方面得 8 分，口感方面得 9 分，香味方面得 8.5 分。根据总分 25.5 分，可以初步判断该批次新品饼干的质量较好，但在外观和香味方面还有一定的提升空间。

3. 等级法

等级法是一种评估作物品种或者动物个体遗传品质的方法。它主要依据的是质量性状的差异，如产量、生长速度、疾病抵抗力等，而不是数量性状，如身高、体重等。

在实践中，等级法通常会根据实际需求和具体情况选择相应的性状进行评估。比如在农作物中，可能会选取产量、耐病性、耐寒性等性状作为评估标准；在动物中，可能会选取生长速度、产肉量、产奶量等性状作为评估标准。

评估时，通常会将被评估的个体或者品种按照某个质量性状的不同等级进行分类，然后根据其在每个等级中的表现给予一定的分数。最后，将所有等级的分数加起来，得到一个总分数，以此来评估个体或者品种的遗传品质。

等级法在实际应用中具有操作简便、易于掌握、能够反映个体在某方面的差异等优点。但它也存在一些局限性，例如等级划分的标准难以统一、受观测者主观影响较大等。

因此，在使用该方法时需要注意标准化和规范化，以提高评估结果的准确性和可靠性。

这种方法在育种工作中经常被使用，可以帮助育种者快速有效地筛选出具有优良性状的个体或品种，提高育种效率。

以肉制品加工为例，可以采用等级法对肉制品的质量性状进行定量化研究。该方法将肉制品按照某一质量性状的特征分为不同的类别或等级，并得到关于不同等级数量或频率分布的数据。

某家肉制品公司观察分析不同级别或等级的商品样品，得出了以下数据：肉干等级为1的样品气味较浓的商品有5个，气味较淡的商品有10个，总共有15个肉干样品；肉干等级为2的样品气味较浓的商品有3个，气味较淡的商品有7个，总共有10个肉干样品。

利用等级法分析这些月饼样品的数据可以得到以下结论：

肉干样品的平均气味强度为 $(1 \times 5 + 0 \times 10 + 2 \times 3 + 0 \times 7) \div (15 + 10) = 0.44$。

由于样品量相对较小且肉干样品的质量特征不仅限于气味，进一步研究可以探究样品在不同等级下的色泽、口感和营养成分等方面的数据，从而提高生产质量和产品市场竞争力。肉制品的质量性状资料可帮助企业了解其产品质量水平，并为优化生产过程提供数据支持。

三、数据资料的整理

(一)数据资料的整理方法步骤

数据资料整理需要综合考虑和操作多个方面，包括收集、清理、编码、存储、分析和报告等，只有这样才能得到高质量且有用的数据，并发挥其应用价值。具体而言，数据收集可以问卷调查、试验测量或案例分析等方式获取与研究问题相关的数据；数据清理则需要对无效数据、异常值和缺失值进行筛选清洗处理，并进行格式转换和统一化处理；在数据描述阶段，可以使用基本的统计指标(如平均值、中位数、标准差或频数分布)、图表(如直方图、箱线图或散点图)来了解数据的基本特征和分布情况；在进入分析阶段后，则需要运用相关的统计方法(如 t 检验、方差分析或回归分析)来探索变量之间的关系和影响；在结果解释阶段，会根据所得到的结论推论并提出建议。

例如，某餐饮公司想了解其生产的面包质量的情况，收集了100个样本并进行分析。从公司各个门店购买了100个面包，记录每个面包的质量和口感得分。数据见表1-9。

表1-9 面包的质量和口感得分数据

面包质量/g	口感得分
120	8.5
125	8
130	8.5
135	9
140	8.5
…	…

(1)数据清理：检查数据是否有异常值、缺失值和重复值，处理无效数据并进行格式

转换和统一化处理。

(2)数据描述：计算面包质量和口感得分的均值、中位数、标准差和频数分布，并绘制面包质量和口感得分的直方图与箱线图。

(3)数据分析：回归分析方法，探究面包质量和口感得分之间的关系，得出回归方程和相关系数。

根据数据分析结果得出结论，面包质量和口感得分存在一定的相关关系，可以调整面包质量来优化口感得分。根据回归方程，可预测某一质量的面包的口感得分。建议公司可以根据分析结果进行调整和改进，提高面包的质量和口感。

观测值不多（$n \leq 30$）时，不必分组，可直接进行统计分析；观测值较多（$n > 30$）时，宜将观测值分成若干组，以便统计分析。将观测值分组后，绘制成次数分布表，即可看到资料的集中和变异情况。

(二)数量性状资料的整理

某公司在食品研发新产品时，需要进行制作次数的统计，得到以下数据：9，10，11，12，14，15，16，17，17，18，19，20，21，22，23，24，25，26，27，28，29，30，31，32，33，34，36，38，40，42。计算全距、组数、组距、组中值及组限，并制作次数分布表。

(1)全距。全距是指数据的最大值与最小值之差，即

$$全距 = 最大值 - 最小值 = 42 - 9 = 33$$

(2)组数。组数是指将数据分成几组，一般由实际情况和经验决定。本例中，采用5组，即

$$组数 = 5$$

(3)组距。组距是指每一组的范围，一般由全距和组数决定。本例中，采用组距为7，即

$$组距 = 全距/组数 = 33/5 \approx 6.6 \approx 7$$

(4)组中值。组中值是指每一组的中间值，即

$$组中值 = 组下限 + 组距/2$$

其中，组下限是指每一组的最小值。

本例中，从最小值9开始，每隔7划分一组，得到5组，统计分组见表1-10。

表1-10 统计分组

组别	制作次数区间	组下限	组上限	组中值
1	9～15	9	15	12
2	16～22	16	22	19
3	23～29	23	29	26
4	30～36	30	36	33
5	37～43	37	43	40

(5)组限。各组的界限称为组限，其中较小者称为下限，较大者称为上限。

根据上述计算制作次数分布表，见表1-11。

表 1-11 次数分布表

制作次数区间	组频数	组频率
9~15	6	0.2
16~22	8	0.27
23~29	7	0.23
30~36	6	0.2
37~43	3	0.1

其中，组频数是指每组中数据的个数；组频率是指每组中数据个数与总数据个数的比例。

(三)质量性状资料、半定量(等级)资料的整理

质量性状资料是描述物品或事物质量特征的数据，通常以数值或文字形式表达。

水果的质量、大小、颜色和味道等都属于质量性状资料。可以对这些数据进行定量分析，如计算平均值、方差和标准差等统计指标。

半定量(等级)资料是描述物品或事物品质等级的数据，通常采用文字或数字等级来表达。

某个产品的质量可以被划分为优、良、中、差四个等级，这就是半定量(等级)资料。对这种类型的数据可以进行质量分析，如计算各个等级所占比例和百分比等统计指标。

对于质量性状资料和半定量(等级)资料，在按照特征或品质进行分类后制成次数分布表。

(四)常用统计表与统计图

1. 常用统计表

(1)频数表：用于表示各个分类变量中各个分类的频数，通常用于描述离散变量的分布情况。

频数表展示了统计集合中每个值的出现次数。面粉加工厂中一天各批次原料质量的频数表见表1-12。

表 1-12 面粉加工厂中一天各批次原料质量的频数表

原料质量/kg	频数
50	4
55	12
60	25
65	18
70	8
75	3

(2)极差表：用于表示连续变量的极差、平均数、中位数等统计量，通常用于描述连续变量的分布情况。

(3)分组频数表：将数据按照一定的区间进行分组，然后统计每个区间中的频数，通常用于描述连续变量的分布情况。

(4)交叉表：用于表示两个或多个变量之间的关系，通常用于描述两个或多个变量的联合分布情况。

(5)分布表：展示了数据分布的情况，通常是将数据分组，然后统计每个组的频数和

频率。面粉加工厂中一天各批次原料质量的分布表见表1-13。

2. 常用统计图

(1)条形图：用于表示离散变量的频数或比例，通常用于比较不同分类之间的差异。

(2)饼图：用于表示不同部分所占比例，通常用于表示总量分成几个部分的比例关系。

(3)直方图：用于表示数据的分布情况，通常将数据分成若干个区间，每个区间的高度表示该区间内数据的数量或频率。

表1-13 面粉加工厂中一天各批次原料质量的分布表

原料质量/kg	组频数	组频率
50～54	4	0.06
55～59	12	0.17
60～64	25	0.36
65～69	18	0.26
70～74	8	0.11
75～79	3	0.04

(4)箱线图：用于表示数据的分散情况，通常包括数据的最大值、最小值、中位数、上下四分位数和异常值等信息。

(5)散点图：用于表示两个变量之间的关系，通常用于研究变量之间的相关性或趋势。

(6)折线图：用于表示数据随时间或其他变量的变化趋势，通常用于研究数据的趋势、周期性或季节性变化等。

(7)条形图：用于比较不同部分的大小或不同组之间的差异，通常将不同部分或组按照大小或顺序排列，高度或长度表示其大小或数量。

除以上常用的统计图外，还有一些其他图，如热力图、地图等，也被广泛运用于食品统计学研究中。

四、统计资料的特征数

学而思

如何计算平均数、方差、标准差、变异系数，其意义、性质是什么？

(一)平均数

1. 算术平均数和加权平均数

在统计学中常用的两种平均数(算术平均数、加权平均数)都被广泛应用于食品相关研究中。

在食品相关研究中，经常使用算术平均数来计算某种食品指标的平均值。平均值能够有效地反映该肉制品脂肪含量的"平均水平"，可用于比较同一类别的不同产品之间的差异。

加权平均数是指将一组数据的每个值乘以相应的权重因子，再计算这些加权数据的加和，最后除以总权重的和得到的平均值。在食品研究中，加权平均数经常被用于计算由不同比例食材混合而成的复合食品中的某种营养成分的平均含量。某种复合食品中混合了 A、B、C 三种食材,且它们的比重分别为 1∶2∶3,营养成分为 A:5 mg,B:8 mg,C:10 mg,则该复合食品中营养成分的加权平均数为(5×1+8×2+10×3)/(1+2+3)=8.5(mg)。这种加权平均数的计算能够有效地反映不同比例食材混合而成的复合食品中某种营养成分的平均含量,可用于研究食品配方和品质控制等方面。

算术平均数和加权平均数在食品相关研究中都具有重要的应用价值,能够用于计算并比较某种食品指标的平均水平,并有助于研究食品配方和品质控制等问题。

假设某公司有 $n=5$ 个部门,它们的收入分别为部门 A:100 万元,部门 B:200 万元,部门 C:150 万元,部门 D:300 万元,部门 E:250 万元。假设这 5 个部门的收入在公司总收入中的比重分别为 $w_A=0.1$,$w_B=0.15$,$w_C=0.2$,$w_D=0.3$,$w_E=0.25$。可以计算这 5 个部门的加权平均数来表示公司总收入的平均值。

(1)计算这 5 个部门的收入总和:

$$\sum_{i=1}^{n} x_i = 100+200+150+300+250 = 1\,000(万元)$$

(2)计算这 5 个部门的加权总和:

$$\sum_{i=1}^{n} w_i x_i = 0.1\times100+0.15\times200+0.2\times150+0.3\times300+0.25\times250 = 222.5(万元)$$

(3)将加权总和除以总权重,得到加权平均数:

$$\bar{x} = \frac{\sum_{i=1}^{n} w_i x_i}{\sum_{i=1}^{n} w_i} = \frac{222.5}{0.1+0.15+0.2+0.3+0.25} = 222.5(万元)$$

这个公司的总收入的加权平均数为 222.5 万元。

2. 中位数

中位数也常作为统计资料的特征数,详见任务一。

3. 几何平均数

几何平均数已在任务一中做过介绍。几何平均数作为统计资料特征数在食品配方和产品质量控制等领域有广泛的应用。在某种饼干产品的配方中,需要按照一定比例混合面粉,以满足特定营养成分的含量要求。可以通过确定每种材料在配方中的比例并计算各个成分的几何平均数来得出混合面粉的平均含量值。这种方法能够有效地协调不同材料之间的影响,从而获得最佳配方,并确保产品质量和营养成分。几何平均数在食品相关研究中发挥着重要的作用,可用于计算多个样本中某种属性的平均值,并为食品配方和质量控制提供支持。

(二)变异数

某食品厂生产了一批饼干,共生产了 10 h,每小时随机取 4 盒饼干进行检测,得到以下数据:80、85、90、95、100、105、110、115、120、125、130、135、140、145、150、155、160、165、170、175、180、185、190、195。计算这批饼干的质量的方差和标准差。

1. 方差

方差是衡量数据离散程度的一个指标,计算公式如下:

$$S^2 = \frac{\sum_{i=1}^{n}(x_i-\bar{x})^2}{n-1}$$

式中，x_i 为第 i 个数据；$\bar{x}$ 为数据的平均值；n 为数据的个数。

上例中，先计算平均值：

$$\bar{x} = \frac{\sum\limits_{i=1}^{n} x_i}{n} = \frac{3\,300}{24} = 137.5$$

再代入公式计算方差：

$$S^2 = \frac{\sum\limits_{i=1}^{n}(x_i - \bar{x})^2}{n-1} = \frac{28\,750}{23} = 1\,197.92$$

这批饼干的质量的方差为 $1\,197.92$。

2. 样本标准差

样本标准差是方差的平方根，也是衡量数据离散程度的一个指标。其计算公式如下：

$$S = \sqrt{\frac{\sum\limits_{i=1}^{n}(x_i - \bar{x})^2}{n-1}}$$

上例中，代入公式计算样本标准差：

$$S = \sqrt{\frac{\sum\limits_{i=1}^{n}(x_i - \bar{x})^2}{n-1}} = \sqrt{1\,197.92} = 34.61$$

这批饼干的质量的样本标准差为 34.61。

样本标准差是一组数据偏离平均值的程度的度量，是数据偏离平均值的平均距离。样本标准差越小，说明数据越集中；样本标准差越大，说明数据越分散。

假设某个班级的数学成绩见表 1-14。

表 1-14 假设某个班级的数学成绩

学号	成绩/分
1	85
2	92
3	76
4	88
5	90
6	78
7	81
8	95
9	87
10	89

（1）可以计算这些成绩的平均值：

$$\bar{x} = \frac{\sum\limits_{i=1}^{n} x_i}{n} = \frac{85+92+76+88+90+78+81+95+87+89}{10} = 86.1(\text{分})$$

(2)可以计算每个成绩与平均值的偏差，即
$$d_i = x_i - \overline{x}$$
得到的成绩偏差表见表1-15。

表1-15　成绩偏差表

学号	成绩/分	偏差
1	85	−1.1
2	92	5.9
3	76	−10.1
4	88	1.9
5	90	3.9
6	78	−8.1
7	81	−5.1
8	95	8.9
9	87	0.9
10	89	2.9

(3)计算这些偏差的平方，即
$$d_i^2 = (x_i - \overline{x})^2$$
得到的成绩偏差平方表见表1-16。

表1-16　成绩偏差平方表

学号	成绩/分	偏差	偏差的平方
1	85	−1.1	1.21
2	92	5.9	34.81
3	76	−10.1	102.01
4	88	1.9	3.61
5	90	3.9	15.21
6	78	−8.1	65.61
7	81	−5.1	26.01
8	95	8.9	79.21
9	87	0.9	0.81
10	89	2.9	8.41

(4)计算这些偏差的平方的平均值，即
$$S^2 = \frac{\sum_{i=1}^{n} d_i^2}{n-1} = \frac{1.21+34.81+102.01+3.61+15.21+65.61+26.01+79.21+0.81+8.41}{10-1}$$
$$= 37.43$$

(5)将样本标准差S定义为偏差的平方的平均值的平方根，即
$$S = \sqrt{S^2} = \sqrt{37.43} = 6.12(分)$$

这个班级的数学成绩的样本标准差为 6.12 分。

3. 变异系数

变异系数(CV)是标准差与平均值的比值，也是标准差相对于平均值的一种度量。变异系数越小，说明数据越集中；变异系数越大，说明数据越分散。假设某个班级的数学成绩见表 1-14。

(1)可以计算这些成绩的平均值和标准差，方法可以参考前面的例子得到：

$$\overline{x}=86.1$$
$$S=6.12$$

(2)可以计算变异系数：

$$CV=\frac{S}{\overline{x}}=\frac{6.12}{86.1}=0.071$$

该班级数学成绩的变异系数为 0.071。由于变异系数是标准差与平均值之比，因此可用于比较不同数据集的离散程度，尤其在这些数据集具有不同单位或数量级时。若要比较两个班级的数学成绩，假设一个班级平均分为 80 分，标准差为 10 分；而另一个班级平均分为 85 分，标准差为 15 分。计算可知，它们各自的变异系数则是 0.125 和 0.176 5，故可以认定第一个班级的数学成绩更加聚焦。

五、任务实施

利用所学知识进行标准差、方差、变异系数的计算和解析。

1. 销售量的平均数

平均数=(50+70+60+80+45+55+65+75+90+85)/10=67.5

2. 销售量的中位数

将销售量从小到大排序：45、50、55、60、65、70、75、80、85、90。

中位数为排序后第 5 个数和第 6 个数的平均值，即(65+70)/2=67.5。

3. 计算销售量的标准差、方差、变异系数

(1)方差的计算。首先计算销售量的平均数，即 67.5，然后计算每个销售量与平均数的差值的平方，并将这些差值的平方求和，最后将这个和除以数据个数(10-1)即可得到方差。

方差=$[(50-67.5)^2+(70-67.5)^2+(60-67.5)^2+(80-67.5)^2+(45-67.5)^2+(55-67.5)^2+(65-67.5)^2+(75-67.5)^2+(90-67.5)^2+(85-67.5)^2]/(10-1)=229.17$

(2)标准差的计算。标准差是方差的算术平方根，可将上面计算的方差 229.17 开方得到标准差。

$$标准差=\sqrt{229.17}=15.14$$

(3)变异系数的计算。变异系数是标准差除以平均数，再乘以 100%。

$$变异系数=(15.14/67.5)\times100\%=22.43\%$$

销售量的平均数为 67.5，中位数为 67.5。销售量的标准差为 15.14，方差为 229.17，变异系数为 22.43%。这些统计量可以用来分析销售量的分布情况和变异程度，为超市管理者提供参考。

实训一　Excel 软件数据文件管理

一、实训目的

数据文件管理是信息管理中不可或缺的一部分。实训项目用实际操作来提高学生的数据处理能力和文件管理能力，让学生掌握 Excel 软件的基本操作和数据文件的管理，提高数据处理效率和质量。

二、实训内容

Excel 软件的基本操作包括打开、保存、创建、编辑、删除、复制、粘贴等。

创建 Excel 数据文件，对数据文件进行管理，包括添加、删除、修改、复制、移动等操作。

在 Excel 中输入数据，对数据进行格式设置，包括对单元格的字体、颜色、加粗、斜体等格式进行设置。

对数据进行筛选和排序，包括按数值大小、按字母顺序、按日期等进行排序。

对数据进行计算，包括求和、平均值、最大值、最小值等操作，并学习使用 Excel 制作图表。

对数据文件进行备份和恢复，包括手动备份和自动备份，以便在数据丢失或损坏时能够快速恢复数据。

三、添加 Excel 数据分析工具

(1)打开 Excel 软件并创建新的工作表。单击"文件"选项卡，选择"选项"。进入"Excel 附加程序"选项卡，在对话框中勾选"数据分析"，然后单击"确定"按钮，在"数据"选项卡下即可使用 Excel 的数据分析工具包。

(2)常用的 Excel 数据分析工具包。

1)描述性统计。描述性统计工具包包括平均值、中位数、众数、标准差、方差等。这些统计指标可以了解数据集的分布情况和趋势。

2)相关性分析。相关性分析工具包包括相关系数和协方差等指标，可以分析不同变量之间的关系。

3)方差分析。方差分析工具包用于分析不同组之间的差异性，可以确定哪些因素对结果产生了影响。

4)回归分析。回归分析工具包用于分析因变量和自变量之间的关系，并预测未来的结果，可以了解变量之间的影响，并预测未来的趋势。

5)时间序列分析。时间序列分析工具包用于分析时间序列数据，包括趋势、季节性和周期性等，可以了解时间序列数据的规律性和趋势。

四、实训操作

(1)打开 Excel 软件，创建一个新的 Excel 工作簿。

(2)在工作簿中创建一个新的工作表，并命名为"数据文件"。

(3)在"数据文件"工作表中输入数据，包括日期、销售额和利润等重要信息。

(4)将数据进行格式整理，包括保留小数位数、将数字转换为百分比、添加下划线等。

(5)添加筛选和排序功能，以便更好地管理数据文件。根据日期对数据进行升序或降序排序。

(6)设置自动化计算功能，如总销售额、平均利润等，以便于分析数据。

(7)保存数据文件，并添加适当的注释和备注说明。

表 1-17 是超市花生销售日期、销售额和利润数据的示例。

表 1-17　超市花生销售数据

日期	销售额/元	利润/元
2022-1-1	1 000	200
2022-1-2	1 200	250
2022-1-3	800	150
2022-1-4	1 500	300
2022-1-5	900	180
2022-1-6	1 100	220
2022-1-7	1 400	280

五、实训训练

为了更好地掌握数据文件管理技能，可以尝试解决下面的练习题。

(1)根据以下信息，创建一个名为"复购率"的 Excel 工作表(表 1-18)。

表 1-18　客户复购率统计表

用户 ID	订单数量	购买次数
001	4	3
002	9	7
003	2	1
004	6	6
005	3	2

(2)在"复购率"工作表中，添加一个"复购率"列，表示用户的复购率。复购率计算方法为"购买次数/订单数量"。

(3)使用筛选功能，根据复购率对数据进行排序。

(4)添加注释和备注，对数据进行解释和说明。

六、实训总结与评价

总评分：100 分。

按照项目要求完成实训项目，完成度达到 100 分；完成操作指南和总结报告，完成度达到 80 分；Excel 软件的操作记录清晰明了，完成度达到 20 分；在项目实施过程中表现积极主动，完成度达到 10 分。

数据文件管理是数据处理中至关重要的一环。借助 Excel 软件，可以更加便捷地管理、整理和分析数据文件。掌握数据文件管理技能有助于更好地处理和利用数据，为工作和学习带来更大的便利。

实训二　SPSS 软件数据文件管理

一、实训目的

在食品研发、生产和销售过程中，需要采集、整理和分析大量数据。为了更好地管理这些数据，数据文件管理变得尤为重要。实训项目让学生掌握 SPSS 软件的基本操作和数据文件的管理，通过实际操作来提高学生的数据处理能力和文件管理能力。

二、实训内容

学习内容包括创建数据文件、输入数据、修改变量属性、删除变量、保存数据文件等。

SPSS 软件的基本操作包括打开、保存、创建、编辑、删除、复制、粘贴等。

创建 SPSS 数据文件，对数据文件进行管理，包括添加、删除、修改、复制、移动等操作。

在 SPSS 软件中输入数据，对数据进行变量设置，包括对变量类型、标签、值标签等的设置。

对数据进行清理和转换，包括对缺失值、异常值、重复值等进行处理，并学习如何对数据进行透视转换。

对数据进行统计和分析，包括描述性统计、t 检验、方差分析、回归分析等操作。

使用 SPSS 软件进行数据可视化和报告输出，包括制作图表、生成报表、导出报告等操作。

三、实训准备

在进行本项目前，需要完成以下准备工作：安装 SPSS 软件；准备一个包含食品相关数据的 Excel 文件，如销售数据或检测数据。

超市食品相关数据销售日期、销售额和利润数据的示例见表 1-19。

表 1-19　超市食品相关数据销售日期、销售额和利润数据

日期	销售额/元	利润/元
2022-1-1	3 200	800
2022-1-2	4 200	1 050
2022-1-3	2 800	700
2022-1-4	5 500	1 375
2022-1-5	3 400	850
2022-1-6	4 100	1 025
2022-1-7	5 200	1 300

四、实训操作

（1）创建数据文件。打开 SPSS 软件，选择"File"→"New"→"Data"，或者单击工具栏上的"New Data"图标，创建一个新的数据文件。在弹出的"New Data File"对话框中选择"Type in Data"选项，表示手动输入数据。单击"OK"按钮。

（2）输入数据。在 SPSS 软件的数据编辑窗口中逐行输入数据。每一列代表一个变量，每一行代表一个数据点。输入数据时需要注意：每个变量必须有一个唯一的名称；每个变量必须有一个数据类型，如数字、字符串、日期等；每个数据点必须对应正确的变量。

（3）修改变量属性。在 SPSS 软件的数据编辑窗口中，可以修改每个变量的属性，如变量名称、数据类型、标签等。要修改变量属性，需要执行以下操作：右击要修改的变量名称；选择"Variable Properties"；在弹出的"Variable Properties"对话框中修改变量属性；单击"OK"按钮，保存修改。

（4）删除变量。在 SPSS 软件的数据编辑窗口中，可以删除不需要的变量。要删除变量，需要执行以下操作：右击要删除的变量名称；选择"Delete"；在弹出的确认对话框中单击"OK"按钮，删除变量。

（5）保存数据文件。在 SPSS 软件的数据编辑窗口中，可以保存当前打开的数据文件。要保存数据文件，需要执行以下操作：选择"File"→"Save"，或者单击工具栏上的"Save"图标；在弹出的"Save Data File As"对话框中选择保存位置和文件名；单击"Save"按钮，保存数据文件。

五、实训训练

（1）食品研发例题。某公司进行了一次营养成分检测，得到数据见表 1-20。

表 1-20 营养成分检测数据

成分名称	检测值/%
蛋白质	10.2
脂肪	5.8
碳水化合物	25.3
纤维素	3.6
维生素 A	26
维生素 C	1.2
钙	106
铁	0.35

请按照上述数据，创建一个 SPSS 数据文件，并回答以下问题：该数据文件中有几个变量？该数据文件中有几个数据点？如何修改维生素 A 的单位为 μg，维生素 C 的单位为 mg？如何删除纤维素这个变量？如何保存数据文件为"nutrient_data.sav"？

（2）参考答案。数据文件中有 2 个变量，分别为成分名称和检测值。数据文件中有 8 个数据点。创建 SPSS 数据文件的步骤如下：

1）创建数据文件。打开 SPSS 软件，选择"File"→"New"→"Data"，或者单击工具栏中的"New Data"图标，创建一个新的数据文件。在弹出的"New Data File"对话框中选择"Type in Data"选项，表示手动输入数据。单击"OK"按钮。在数据编辑窗口中，输入表1-20营养成分检测数据。

2）输入数据。在SPSS软件的数据编辑窗口中，逐行输入数据。每一列代表一个变量，每一行代表一个数据点。在输入数据时，需要注意的是：每个变量必须有一个唯一的名称；每个变量必须有一个数据类型，如数字、字符串、日期等；每个数据点必须对应正确的变量。

3）修改变量属性。在SPSS软件的数据编辑窗口中，可以修改每个变量的属性，如变量名称、数据类型、标签等。要修改变量属性需要执行以下操作：右击要修改的变量名称；选择"Variable Properties"；在弹出的"Variable Properties"对话框中修改变量属性；单击"OK"按钮，保存修改。需要将维生素A和维生素C的类型从字符串改为数字，单位分别改为 μg 和 mg。具体操作如下：右击"维生素A"变量名称；选择"Variable Properties"；在"Type"标签页中，将数据类型从"String"改为"Numeric"；在"Label"标签页中，将单位从"mg"改为"μg"；单击"OK"按钮，保存修改；重复以上操作，修改"维生素C"变量的属性，将单位改为"mg"。

4）删除变量。在SPSS软件的数据编辑窗口中，可以删除不需要的变量。要删除变量，需要执行以下操作：右击要删除的变量名称；选择"Delete"；在弹出的确认对话框中单击"OK"按钮，删除变量。需要删除"纤维素"这个变量。具体操作如下：鼠标右键单击"纤维素"变量名称；选择"Delete"；在弹出的确认对话框中，单击"OK"按钮，删除变量。

5）保存数据文件。在SPSS软件的数据编辑窗口中，可以保存当前打开的数据文件。要保存数据文件，需要执行以下操作：选择"File"→"Save"，或者单击工具栏上的"Save"图标；在弹出的"Save Data File As"对话框中选择保存位置和文件名；单击"Save"按钮，保存数据文件。需要将数据文件保存为"nutrient_data.sav"。具体操作如下：选择"File"→"Save"；在弹出的"Save Data File As"对话框中选择保存位置和文件名为"nutrient_data.sav"；单击"Save"按钮，保存数据文件。

七、实训总结

实训项目介绍了如何运用SPSS软件进行数据文件管理，包括创建、输入、修改变量属性和删除变量等操作。利用SPSS软件可更加熟练地处理与食品相关的数据，为食品研发和生产提供更优质的支持。

综合训练

一、单选题

1. 食品中的蛋白质、脂肪、糖类等属于（　　）类型的数据。
   A. 数量性状资料　　B. 质量性状资料　　C. 半定量资料　　D. 以上都不是
2. 采用（　　）可以统计某种食品中某种特定成分的存在次数。
   A. 反射光谱法　　B. 统计次数法　　C. 质量分析法　　D. 以上都不是
3. 给分法是一种常用的评价食品质量的方法，下列不是常用的评价因素的是（　　）。
   A. 外观　　　　　B. 口感　　　　　C. 香味　　　　　D. 质量

4. 平均差和标准差区别与联系表述错误的是（　　）。
   A. 平均差和标准差是衡量食品研究中数据的离散程度的常见指标
   B. 平均差是指试验数据中，各数据值与其平均值之间的差异的平均数
   C. 标准差是一种常见的数据离散程度指标，用于衡量各个数据值与平均值之间的偏离程度
   D. 平均差和标准差是用于衡量食品研究数据离散程度的重要指标，但不能评估样品在口感方面的稳定性与可靠性
5. 在统计学中，样本是指（　　）。
   A. 每个数据的来源　　　　　　　　B. 所有数据的总和
   C. 随机抽取的一部分数据　　　　　D. 以上都不是
6. 食品的质量指标通常包括（　　）。
   A. 营养成分　　　B. 安全性　　　C. 检测指标　　　D. 以上都是
7. 在统计分析中，假设检验的目的是（　　）。
   A. 检测数据是否符合正态分布　　　B. 检测样本与总体的差异是否显著
   C. 检测样本与样本之间的差异是否显著　D. 以上都不是
8. 在食品加工过程中，对食品进行检测的主要目的是（　　）。
   A. 确认食品的品种　　　　　　　　B. 检测食品是否符合安全标准
   C. 检测食品的口感　　　　　　　　D. 以上都不是
9. 在食品质量控制中，BBI 是指（　　）。
   A. 特殊生产控制　　B. 统计过程控制　　C. 特殊品质控制　　D. 以上都不是
10. 在质量控制中，CPK 值用于评估（　　）。
    A. 产品的生产效率　　　　　　　　B. 产品的质量稳定性
    C. 产品的生产成本　　　　　　　　D. 以上都不是

二、判断题

1. 食品中的营养成分属于数量性状资料。（　　）
2. 假设检验的目的是检测样本与总体的差异是否显著。（　　）
3. 食品加工过程中，对食品进行检测的主要目的是确认食品的品种。（　　）
4. BBI 是指特殊品质控制。（　　）
5. 在食品质量控制中，CPK 值用于评估产品的生产效率。（　　）
6. 样木是指随机抽取的一部分数据。（　　）
7. 在给分法中，通常从口感、香味、外观等方面对食品进行评分。（　　）
8. 统计分析中，标准差的计算公式为样本标准差/样本量。（　　）
9. 统计次数法是一种常用的食品检验方法，通过对样品中某种特定成分的存在次数进行统计，从而判断样品是否合格。（　　）
10. 统计学中算术平均数和加权平均数被广泛应用于食品相关研究中。（　　）

三、简答题

1. 食品的质量指标包括哪些方面？
2. 什么是 CPK 值？如何评估产品的质量稳定性？
3. 简述 BBI 的基本思想及应用场景。
4. 统计次数法是一种常用的食品检验方法，简述其检验步骤。

项目二　整理试验数据

引导语

在食品研发和生产中，整理试验数据是为科学研究提供数据支持的重要环节。对某种成分含量、某种工艺效果等进行分析比较，可以为食品生产提供指导，例如为原料选用和工艺优化等方面提供依据。定期检测和分析产品以保证其质量与安全性，并通过对消费者口味需求等数据的分析来支持市场营销活动。整理试验数据在食品研发和生产中具有不可替代的作用，能够有效地提高产品质量并增强市场竞争力。

思维导图

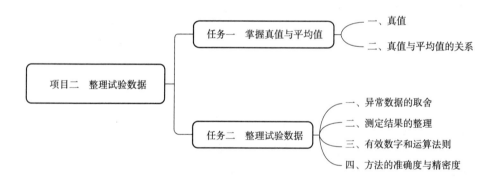

任务一　掌握真值与平均值

工作任务描述

假设有一家公司要雇佣一名新员工，该员工需要具备某些特定技能。为了招聘到最优秀的人才，公司可以采用面试的方式进行筛选。由于各个面试官评定分数不同，所以需要根据实际问题来选择合适的统计量。

学习目标

知识目标

1. 掌握真值。

2. 了解平均值概念。
3. 了解真值与平均值的区别与联系。
4. 掌握平均值的计算公式。
能力目标
学会平均值的计算方法。
素质目标
1. 应遵守国家的纪律和规范,注重食品安全行业的建设。
2. 培养食品安全意识,维护社会繁荣稳定。

一、真值

真值是指一个量所真实具有的数值,通常用于与测量值进行比较,以评估测量的准确性。

假设黄豆加工厂每次加工的黄豆数量为1 000 kg,想要了解每次加工后黄豆的含水量。为了得到含水量,需要对加工前和加工后的黄豆进行称重与干燥处理,然后计算黄豆的含水量。加工前的黄豆质量为1 000 kg,是真值;加工后的黄豆质量,称重得到的数值为测量值。

(一)标准真值和理论真值

标准真值是指使用标准测量设备或其他可靠方法确定的一个量的真实值。在黄豆加工厂中,可以使用标准称重设备来测量黄豆的质量,从而确定加工前的黄豆质量。理论真值则是指一个量在理论上的真实值,通常由理论计算或模型推导得出。在黄豆加工厂中,可以使用理论模型计算黄豆的含水率,并将其与实际测定结果进行比较,以评估加工过程的精确性。

假设在一次黄豆加工过程中,加工前的黄豆质量为1 000 kg,加工后的黄豆质量为980 kg,经过干燥处理后得到的含水量为5%。如果使用理论模型计算出黄豆的理论含水量为4%,则可以认为在加工过程存在一定的误差。比较标准真值和理论真值,可以帮助黄豆加工厂找出在加工过程中存在的问题,及时采取措施进行调整,提高加工效率和质量。

在黄豆加工过程中,真值的应用可以帮助厂家评估加工的质量和准确性,及时发现问题并进行调整,从而提高生产效率和产品质量。

(二)求真值的方法

求真值是指通过测量或试验等方式获得准确数值,以反映事物本质。常见的方法包括直接测量法、外推法和内插法。在豆制品加工中,可使用称重器等工具进行直接测量,获取精确的质量真值;在营养成分含量研究中,则可用外推法计算该类型豆腐的平均营养成分含量真值;而用内插法则能够根据已有数据,在两个数据之间插值,从而得到各质量范围内的平均营养成分含量。

学而思

在农药残留检测试验回收率计算中,如何得到真值?

二、真值与平均值的关系

真值是指一个量或事物的实际值,通常是测量或计算得出的。一个物体的实际质量是真值。

平均值是指一组数据中所有数值之和除以数据数量得到的值,用于反映数据集中趋势。例如,班级学生考试成绩的平均值可表征该班整体学习水平。

真值和平均值有以下区别和联系。

区别:真值是一个确切的数值,而平均值则是计算得出的代表数据集中趋势的数值。真值可以是数据集合中任何一个数值,而平均值只有唯一一个。真值通常为确定的数,而平均值可以随着数据集合变化不断改变。

联系:平均值可根据真实数据计算得出。当存在偏差时,计算平均值可以作为一种有效的方法来消除这些偏差,并更好地代表整体情况。在某些情况下,真实数据和平均值可以作为相互补充的指标来综合评价一个量或事物。在品质控制中,真实数据可用于检验产品的合格率,而平均值则可用于评估产品整体质量水平。

实际应用中,由于各种误差因素的影响,通常只能获得近似真值,故需要采用平均值等方法来处理测量数据,以便获得更可靠的结论。

例如,某机器零件的测量精密度为 0.1 mm,对于 5 个不同的零件尺寸(单位为 mm),分别为 2.5、2.6、2.5、2.7、2.6。求这 5 个尺寸的平均值和真值。

由于机器零件的测量精密度为 0.1 mm,每个测量值的真值应该是在这个范围内变化的。可以假设这 5 个尺寸的真值满足某个均值 u。由于存在测量误差,所以这 5 个测量值可能存在偏差,需要考虑这些偏差对平均值的影响。一般情况下,假设误差服从正态分布,则测量值与真值之间有以下关系:

$$测量值=真值+误差$$

对于一个大样本而言,误差的平均值会趋近于 0,可以将测量值的平均值作为估计的真值,即

$$u=\frac{\sum_{i=1}^{n}x_i}{n}$$

式中,n 为样本数量;x_i 为第 i 个测量值。

对于这道题,这 5 个测量值的平均值为

$$u=\frac{\sum_{i=1}^{n}x_i}{n}=\frac{2.5+2.6+2.5+2.7+2.6}{5}=2.58(\text{mm})$$

测量精密度为 0.1 mm,可以得到这个平均值的误差范围为 2.48~2.68 mm,即这 5 个测量值的真值应该在这个范围内变化。

这5个零件的测量数据的真值应该在2.48～2.68 mm，而这5个测量数据的平均值为2.58 mm。真值和平均值之间存在关联，平均值可以作为估计真值的一种方法。对多个测量数据进行平均处理，可以消除测量误差，得到更加可靠的结论。

三、任务实施

在面试过程中，每位面试官都会给出一个分数，该分数反映了候选人与职位的匹配度。最终，公司需要确定录用决策。此时可以运用真值概念，即固有能力不受外界影响的个体特质。若某候选人在多位面试官评价中均获得较高分数，则其真值水平相对较高，值得公司考虑录用。

任务二　整理试验数据

工作任务描述

假设有一批方便面，测量了5次方便面的总质量，结果分别为200 g、210 g、202 g、198 g、201 g。怎么找到异常值，怎么处理结果？

知识目标

1. 掌握异常数据取舍原则与方法。
2. 掌握有效数字保留与计算。
3. 了解准确度与精准度的区别与联系。

能力目标

1. 能够掌握异常数据取舍方法。
2. 能够学会有效数字保留与计算。

素质目标

1. 培养良好的道德品质和职业操守，在研究和应用中注重职业道德和操守。
2. 具备扎实的统计学理论基础和丰富的实践经验，能够独立完成各种食品统计分析和报告撰写。

一、异常数据的取舍

对试验数据中的异常数据如何进行取舍？

异常数据是指与其他数据显著不同的数据点，这些数据点可能是测量误差、输入错误或其他原因导致的。在进行数据分析时，异常数据会对结果产生负面影响，需要对其进行处理。

处理异常数据的方法有：删除异常数据，如果其对结果影响过大；替换异常数据，以使其更符合整体趋势；保留异常数据，若包含有用信息，如在销售数据中出现极端值可能是某个产品在某地区出现了异常销售情况，应予以保留，以便进一步调查。假设有一组学生成绩数据为 85、90、92、94、96、98、100、102、104、106、108、110、112。在这组数据中，出现了两个异常值 102 和 112，需要对其进行处理。如果认为这两个数据对结果的影响较大，可以将其删除或替换为平均值；如果认为这两个数据可能包含有用的信息，可以将其保留，以便进一步分析。

可以采用以下任一方法来判断如何处理异常数据。

（一）4δ 法

4δ 法是一种常用的异常数据取舍方法，通常情况下，当数据偏离平均值超过 4 个标准差时，就可以将其视为异常数据进行取舍。

假设某公司生产一种饼干，每天生产 1 000 箱，每箱 12 袋，共生产了 30 d。现在需要对这 30 d 的生产数据进行统计和分析。

对于每箱饼干的质量进行测量，得到的数据见表 2-1。

表 2-1　每箱饼干的质量

序号	天数	每箱质量/g
1	1	1 440
2	2	1 450
3	3	1 460
4	4	1 460
5	5	1 465
6	6	1 460
7	7	1 465
8	8	1 450
9	9	1 460
10	10	1 465
11	11	1 460
12	12	1 450
13	13	1 460
14	14	1 465
15	15	1 460
16	16	1 450
17	17	1 460
18	18	1 465

续表

序号	天数	每箱质量/g
19	19	1 460
20	20	1 450
21	21	1 460
22	22	1 465
23	23	1 460
24	24	1 450
25	25	1 460
26	26	1 465
27	27	1 460
28	28	1 450
29	29	1 460
30	30	1 465

可以先计算这 30 d 的平均质量和标准差及 4 个标准差的范围：

平均质量＝1 458.33 g

标准差＝6.48 g

4 个标准差的范围＝1 458.33±4×6.48＝1 432.41～1 484.25(g)

根据这个范围，可以将小于 1 432.41 g 或大于 1 484.25 g 的箱子视为异常数据，进行取舍。

使用 4δ 法可以有效地排除那些可能存在生产问题或质量问题的箱子，从而提高饼干的整体质量和口感，也可以将其用于其他食品相关的数据分析中。

(二)5δ 法

异常数据处理中的 5δ 法是一种常见的统计方法，用于识别和处理数据中的异常值。其中，"5δ"表示偏差大于平均值 5 倍标准差的数据点被视为异常值，需要进行处理或排除。

以李子产量试验为例，如果测量到 50 棵李子树每棵树的产量数据(单位为 kg)如下：20、21、25、24、22、23、22、23、26、23、100、22、22、23、20、22、23、22、24、21、23、26、21、23、22、21、21、22、23、25、22、22、23、24、26、23、22、25、22、23、20、28、25、23、25、22、21、23、25、21。

5δ 法可以排除其中的异常值：

计算平均值和标准差：$\bar{x}=24.4$，$\sigma=11.045$。

判断是否有异常值：在该数据集中，第 11 棵树的产量为 100 kg，远高于平均值，可以被视为异常值。

进行处理：在这里，可以排除这一异常值，重新计算产量的平均值和标准差。排除异常值后，平均数 $\bar{x}=22.86$，标准差 $\sigma=1.744$。

排除异常值可以更精确地衡量李子的产量水平，并基于实际情况推断出产量的趋势、规律和因素等，以进一步完善生产计划、加强资源配置并提高经济效益。5δ 法存在局限性，在样本数量较少时可能导致数据不准确或过度变形。在处理异常值时，还需要考虑是否应该排除，以及如何使用 5δ 法来完善数据分析和模型建立。

(三) Q 检验法

Q 检验法是一种常用的异常数据取舍方法，通过比较数据的最大值和最小值与四分位距之间的关系来判断是否存在异常数据。

假设某公司生产一种果汁，每天生产 1 000 瓶，共生产了 30 d。现在需要对这 30 d 的生产数据进行统计和分析。

(1)对于每瓶果汁的含糖量进行测量，得到的数据见表 2-2。

表 2-2 每瓶果汁的含糖量

序号	瓶数	每瓶含糖量/g
1	1	15.2
2	2	15
3	3	14.8
4	4	15.1
5	5	15.2
6	6	15
7	7	14.9
8	8	15.1
9	9	15.3
10	10	15.2
11	11	15.1
12	12	14.9
13	13	15.2
14	14	15
15	15	15.1
16	16	15.3
17	17	15.2
18	18	15
19	19	15.1
20	20	14.9
21	21	15.2
22	22	15
23	23	15.1
24	24	15.3
25	25	15.2
26	26	15
27	27	15.1
28	28	14.9
29	29	15.2
30	30	15

(2)可以先将这些数据按照从小到大的顺序排列,然后计算这些数据的四分位距:
$$四分位距=Q_3-Q_1$$
式中,Q_1 为数据中的 25% 分位数;Q_3 为数据中的 75% 分位数。

由这些数据可得
$$Q_1=15.0 \text{ g}$$
$$Q_3=15.2 \text{ g}$$
$$四分位距=0.2 \text{ g}$$

(3)可以根据下面的公式来计算 Q 值:
$$Q=(最大值-Q_3)/四分位距 或 (Q_1-最小值)/四分位距$$
如果 Q 值大于 2.5,则可以将这个数据视为异常数据进行取舍。

根据这个公式,可以计算出:
$$Q=(15.3-15.2)/0.2=0.5(\text{g})$$
$$Q=(15.0-14.8)/0.2=1(\text{g})$$

由于这两个 Q 值都小于 2.5,没有数据被视为异常数据。

Q 检验法能够判断是否存在异常数据,并对其进行剔除,以提高果汁的整体品质和口感,也适用于其他食品相关数据分析领域。

二、测定结果的整理

(一)测定结果的一般处理

相对相差是一种常用的计算方法,用于比较两个数之间的差异大小。

假设某公司生产一种饼干,每天生产 1 000 箱,每箱 12 袋,共生产了 30 d。现在需要对这 30 d 的生产数据进行统计和分析。

(1)对于每袋饼干的质量进行测量,得到的数据见表 2-3。

表 2-3 每袋饼干的质量

箱数	袋数	每袋质量/g
1	1	120
1	2	118
1	3	122
1	4	121
1	5	123
1	6	119
1	7	120
1	8	119
1	9	122
1	10	121
1	11	118
1	12	123

续表

箱数	袋数	每袋质量/g
2	1	121
2	2	119
2	3	120
2	4	118
2	5	122
2	6	119
2	7	121
2	8	120
2	9	121
2	10	123
2	11	119
2	12	118
3	1	122
3	2	119
3	3	123
3	4	120
3	5	118
3	6	121
3	7	120
3	8	119
3	9	122
3	10	123
3	11	121
3	12	118

（2）可以先计算这些数据的平均质量，然后计算每袋饼干的相对相差，即

$$平均质量 = 120.36 \text{ g}$$

对于每一袋饼干的质量，可以下面的公式来计算相对相差：

$$相对相差 = (|实际值 - 平均值|/平均值) \times 100\%$$

对于第一袋饼干来说，其实际质量为120 g，那么其相对相差就可以计算为：

$$相对相差 = (|120 - 120.36|/120.36) \times 100\% \approx 0.299 \ 1\%$$

同样地，可以对所有的数据进行相对相差的计算，以便更好地了解每袋饼干的质量状况。

相对相差的计算能够更加精确地评估每袋饼干的质量情况，协助生产部门进行质量控制和改进，从而提高饼干整体品质和口感。

(二)可靠性区间的计算

可靠性区间及置信区间是一种常用的统计方法，用于评估某个数据的可靠性范围。

假设某农场种植了一种作物，每个季节都会进行采收和统计。现在已经进行了10个季节的采收和统计，得到的数据见表2-4。

表2-4　10个季节的采收和产量

序号	季节数	产量/kg
1	1	1 200
2	2	1 300
3	3	1 250
4	4	1 275
5	5	1 225
6	6	1 300
7	7	1 230
8	8	1 250
9	9	1 285
10	10	1 260

可以先计算出这些数据的平均产量和标准差，然后计算可靠性区间，即

$$平均产量=(1\ 200+1\ 300+\cdots+1\ 260)/10\approx 1\ 257.5(kg)$$

$$标准差=33.19\ kg$$

$$可靠性区间=平均产量\pm 1.96\times(标准差/\sqrt{n})$$

式中，1.96为95%置信度下的t值；n为样本数量($n=10$)。

代入数据可以得

$$可靠性区间=1\ 257.5\pm 1.96\times(33.19/\sqrt{10})=1\ 236.9\sim 1\ 278.1(kg)$$

根据这个可靠性区间，可以认为，这种作物的产量在95%的情况下为1 236.9~1 278.1 kg。如果想要提高置信度，可以采用更高的t值如2.58来计算可靠性区间。

可靠性区间的计算能够更加精确地评估数据的可靠性范围，从而协助农场进行生产规划和销售预测。

三、有效数字和运算法则

学而思

数据如何进行科学数字修约？

(一)有效数字

有效数字是指一个数中真正起作用的数字。在科学计算中，通常只保留有效数字，而非无限位数的小数。

有效数字的规则如下：所有非零数字都是有效数字，在数字中间的零是有效数字，在数字末尾的零只有在有小数点时才是有效数字，所有前导零都不是有效数字，如0.001 2中

的 0 不是有效数字。

(二)有效数字保留

四舍五入和四舍六入五成双都是数字处理中常用的方法,可以对数字进行合理的近似处理,避免计算误差的积累。

两者有所不同:四舍五入是以保留位数后一位数字大小来判断是否进位,大于等于 5 时进位;而四舍六入五成双则在保留位数后一位数字大于 5 时才进位,在等于 5 时根据前一位数字奇偶性来决定是否进位,若是奇数则进位,若是偶数则将 5 舍掉。应用场景也不同:四舍五入广泛应用于各个领域,而四舍六入五成双主要适用于金融、财务等领域,以确保计算结果精确无误。但两种方法都能在保留有效数字的同时实现近似处理,并提高计算结果准确性。

假设某农场进行了小麦产量的测量,得到的数据如下:

小麦产量(t):3.567、3.578、3.586、3.594、3.605。

四舍五入:假设需要保留小麦产量的小数点后两位,根据四舍五入规则,保留位数后一位数字若大于等于 5 则进位,若小于 5 则不进位。对于这组数据,经过四舍五入处理后,小麦产量分别为 3.57 t、3.58 t、3.59 t、3.59 t、3.61 t。

四舍六入五成双:假设需要保留小麦产量的小数点后两位,对于这组数据,经过四舍六入五成双处理后,小麦产量分别为 3.57 t、3.58 t、3.59 t、3.59 t、3.60 t。

虽然两种方法都是数字保留的方法,但在具体应用中需要根据场景和要求来选择合适的方法。在农产品产量的测量中,四舍五入和四舍六入五成双都可以用来保留合理的有效数字,提高结果的准确性。

(三)有效数字运算法则

在进行数字运算时,需要遵循一些规则,以确保结果的准确性和精度。有效数字是指从第一个非零数位开始到最后一个数字,包括小数点后面的数字。有效数字运算法则是按照特定规则进行数字运算,并保留正确数量的有效数字。具体规则如下:

(1)加减法:结果的有效数字应与参与运算数中最少的有效数字相同,保留位数根据精度确定;

(2)乘除法:结果的有效数字应与参与运算数中所有有效位总和最少者相同,保留位数根据精度确定;

(3)科学计数法:将数据表示为科学计数形式时,使用原始数据相同数量的有效位。

假设某公司生产香肠,每根香肠的长度和质量见表 2-5。

表 2-5 每根香肠的长度和质量

香肠长度/cm	香肠质量/g
15.2	25.6
15.5	23.8
15.3	24.5
15.6	24.8
15.4	25.2

现在需要计算每厘米香肠的质量,具体步骤如下。

(1)计算每根香肠的单位长度质量:将香肠质量除以香肠长度,得到每厘米香肠的质量(表2-6)。

表2-6 香肠的单位长度质量

香肠长度/cm	香肠质量/g	单位长度质量/(g·cm^{-1})
15.2	25.6	1.684 21
15.5	23.8	1.535 48
15.3	24.5	1.601 31
15.6	24.8	1.589 74
15.4	25.2	1.636 36

(2)确定有效数字位数:根据数据的精度和准确度,确定需要保留的有效数字的位数。假设需要保留4位有效数字。

(3)进行乘法运算:将单位长度质量相加,得到总长度质量,然后乘以一定长度,得出该段香肠的总质量,见表2-7。

表2-7 香肠的总质量

香肠长度/cm	单位长度质量/(g·cm^{-1})	保留位数	保留4位有效数字的单位长度质量/(g·cm^{-1})	总质量/g
15.2	1.684 21	4	1.684	25.596 8
15.5	1.535 48	4	1.535	23.792 5
15.3	1.601 31	4	1.601	24.495 3
15.6	1.589 74	4	1.590	24.804
15.4	1.636 36	4	1.636	25.194 4

(4)对于这组数据,经过有效数字运算法则处理后,每厘米香肠的质量分别为1.684 g/cm、1.535 g/cm、1.601 g/cm、1.590 g/cm、1.636 g/cm,计算结果更加准确和精确。

四、方法的准确度与精密度

(一)方法的准确度

方法的准确度是指测量结果与真值之间的接近程度,通常用相对误差来衡量。在食品相关领域中,例如某家食品加工厂需要测量原材料含水量,若所采用的测量方法具有高精密度,则可以更为准确地控制原材料含水量,并生产出更为稳定的产品。

假设某种原材料的真实含水量为10%,而使用的测量方法测量出来的含水量为9.8%,则测量结果的相对误差为2%。如果使用的测量方法准确度高,那么测量结果与真值之间的误差就会更小,例如测量结果为9.9%或10.1%,相对误差只有1%左右,这样就可以更加准确地掌握原材料的含水量,从而生产出更加稳定的产品。

若所采用的测量方法准确度不佳,则可能导致生产出的产品质量不稳定。含水量时高时低,这将给企业带来损失和风险。在食品相关的生产和检测过程中,使用准确度较高的测量方法至关重要。

(二)方法的精密度

经过精密测量,方法的精密度可用标准差或相对标准差来衡量。在食品领域中,例如某家试验室需要测定某种成分的含量,若所采用的测量方法具有高精密度,则能更加准确地掌握该成分的变化情况,从而更好地进行产品研发和质量控制。

假设某种食品成分的真实含量为10%,而使用的测量方法进行了3次测量,测量结果分别为9.8%、10.2%和9.9%,则这3次测量结果之间的标准差为0.19%,相对标准差为1.9%。如果使用的测量方法精密度高,那么多次测量结果之间的变异程度就会更小,例如3次测量结果分别为10.0%、10.1%和9.9%,则这3次测量结果之间的标准差为0.06%,相对标准差为0.6%,这样就可以更加准确地掌握该食品成分的变化情况,从而更好地进行产品研发和质量控制。

若使用精密度不高的测量方法,则可能导致产品质量不稳定。有时含量偏低,有时含量偏高,这将给企业带来损失和风险。在食品相关生产和检测过程中,确保采用精密度较高的测量方法至关重要。准确度和精密度之间的区别:准确度反映了测量结果与真值之间的差异程度;而精密度则反映了同一测量方法得到结果之间的差异程度。准确度关注正确性;而精密度关注稳定性。

(三)准确度和精密度的区别与联系

如果一个测量方法具有高精密度,则说明同一测量方法得到的结果之间的差异很小,这意味着该测量方法的系统误差较小,从而可以推断该测量方法的准确度也相对较高;反之,如果一个测量方法的准确度很高,则说明该测量方法偏差较小。如果该方法还具有高精密度,则说明其随机误差也很小。准确度和精密度是评价测量方法优劣的重要指标,但两者之间的关系需要根据实际情况具体分析。在实际应用中,需要根据特定需求选择合适的测量方式。

如果测量牛肉面的质量,假设真实值为500 g,如果测量出来的质量也是500 g,那么测量结果是准确的。

精密度是指测量结果的重复性或稳定性,即数据的一致性。在测量牛肉面质量的例子中,如果多次测量同一碗牛肉面的质量,每次测量结果都接近于500 g,那么测量结果是精密的。

在实际应用中,准确度和精密度往往是相互关联的,准确度高的数据往往也具有高的精密度。如果测量出的牛肉面质量既接近真实值,重复性又好,那么可以认为测量结果是可靠的。

在测量牛肉面质量案例中,需要确保测量器具的准确性和重复性,以提高测量结果的准确度和精密度。

(四)回收率和变异系数

回收率和变异系数常用于评估某个数据的质量和稳定性。以下是以化学试验相关的例题来说明回收率和变异系数的计算方法。

假设某个化学试验需要测量某种物质的回收率,测量了5次,得到的数据见表2-8。

回收率的计算公式如下:

回收率＝(回收质量/实际质量)×100%

对于第一次试验来说，回收率的计算如下：

回收率＝(9.7/10.0)×100%≈97%

同样地，可以对所有的数据进行回收率的计算，以便更好地了解试验的质量状况。

变异系数的计算公式如下：

变异系数＝(标准差/平均值)×100%

式中，标准差为对实际质量数据的测量误差进行评估的指标；平均值为对回收率数据的整体水平进行评估的指标。

对于实际质量数据来说，其平均值为9.92 g，标准差为0.23 g，那么变异系数的计算如下：

变异系数＝(0.23/9.92)×100%≈2.32%

计算回收率和变异系数，能够更加精确地评估化学试验的质量和稳定性，为科研人员提供试验设计和数据分析方面的帮助。

表 2-8　化学试验测量某种物质的回收率

试验次数	实际质量/g	回收质量/g
1	10.0	9.7
2	9.8	9.6
3	10.2	10.1
4	9.9	9.8
5	9.7	9.5

五、任务实施

需要计算其中的回收率。首先需要测量这批方便面的总质量，然后将其中的包装材料去除，再次测量方便面的净质量，最后根据净质量和总质量计算回收率。

在进行测量的过程中，可能会遇到异常数据，如称重器出现误差，或者批次中出现了异常的包装材料等问题。为了减少异常数据对回收率计算的影响，可以采用以下异常数据处理方法。

(1)剔除异常数据，如果发现某次称量结果明显偏离其他结果，可以将其剔除，再重新计算回收率。

(2)平均值替代，如果多次测量结果接近但存在一定偏差，可以采用平均值替代的方法，即将多次测量结果的平均值作为最终测量结果。

测量了5次方便面的总质量，结果分别为200 g、210 g、202 g、198 g、210 g，其中210 g的结果明显偏离其他结果，可以将其剔除，再重新计算平均值，得到总质量为200.25 g。

将去除包装材料后的方便面净质量测量4次，结果分别为150 g、152 g、149 g、151 g，由于测量结果较为接近，可以采用平均值替代的方法，将这4次测量结果的平均值作为净质量，得到净质量为150.5 g。

可以根据公式"回收率＝净质量÷总质量×100%"计算回收率，得到回收率约为 75.16%。

可以剔除异常数据或采用平均值替代的方法，减少异常数据对回收率计算的影响，得到更加准确的结果。

实训一　Excel 软件描述统计

一、实训目的

要求掌握 Excel 软件的描述统计功能，能够使用 Excel 进行数据的描述统计分析，包括样本的平均值、标准差、方差、偏度、峰度等指标的计算和显示。

二、实训内容

1. 准备数据

(1)准备数据包括数据的收集、录入、清理等操作。

(2)使用 Excel 进行描述统计分析，包括以下几项。

1)描述统计：学习如何计算数据的平均值、标准差、最大值、最小值等统计量，并学习如何制作频率分布表、直方图等统计图表。

2)单因素方差分析：学习如何进行单因素方差分析，并学习如何对单因素方差分析结果进行解读和报告。

3)相关分析：学习如何进行相关分析，并学习如何对相关分析结果进行解读和报告。

2. 结果解读和报告

学习如何对描述统计分析结果进行解读和报告，包括对统计量和统计图表进行解读，以及对分析结果进行汇报和总结。

三、实训操作

(1)导入或输入数据。采用文件菜单或剪贴板等方式，导入需要进行描述统计的数据，或者在 Excel 软件的工作表中手动输入数据。

表 2-9 是 30 包白糖的质量数据。

表 2-9　30 包白糖的质量数据

质量/g		
10.2	10.5	9.9
9.8	10.1	10.3
10.5	9.9	9.7
10.1	10.3	10.4
9.9	9.7	10.2
10.3	10.4	9.8

续表

质量/g		
9.7	10.2	10.5
10.4	9.8	10.1
10.2	10.5	9.9
9.8	10.1	10.3

(2)计算样本的平均值和标准差。选中数据所在的区域，使用Excel的AVERAGE和STDEV函数，自动计算样本的平均值和标准差。

(3)计算方差。在另一个单元格中，使用Excel的VAR函数，自动计算方差。

(4)计算偏度。在另一个单元格中，使用Excel的SKEW函数，自动计算偏度。

(5)计算峰度。在另一个单元格中，使用Excel的KURT函数，自动计算峰度。

(6)数据展示。将计算结果进行适当的排版和整理，添加标题和注释，采用统计图表等方式，将数据的描述统计结果直观地展示出来。

(7)实操操作。按照以上步骤进行实操操作，验证结果的正确性，并对结果进行解读和分析。

四、实训训练

某食品公司生产出一批巧克力，共抽样100个，每个样本的质量(g)见表2-10。

表2-10　巧克力样本的质量

每个样本的质量/g									
47	48	49	54	45	48	50	51	46	48
49	55	48	49	50	53	48	50	52	49
51	53	50	48	53	47	52	48	49	51
48	50	51	53	50	49	52	45	48	47
51	50	54	49	50	52	47	48	49	51
55	52	51	46	50	49	47	50	48	49
52	48	51	54	47	50	49	53	48	50
51	52	48	50	51	46	48	45	52	51
50	53	50	48	51	49	49	48	49	53
52	50	47	48	50	52	51	46	51	47

计算该批巧克力样本的描述统计量，并分析样本分布。

解：(1)计算样本的平均值、中位数、标准差、最大值和最小值。

平均值=(47+48+…+47)/100=49.72(g)。

中位数为第50个和第51个数的平均值，即(50+50)/2=50(g)。

标准差=2.26 g。

最大值为55 g，最小值为45 g。

(2)绘制直方图来分析样本的分布情况,使用Excel制作直方图,如图2-1所示。

直方图样本的分布大致呈现正态分布的趋势,集中在49 g左右,且没有明显的偏度或峰度。

该批巧克力在质量分布方面比较均匀,但是标准差总体偏大,说明样本间的差异较大。

通过描述统计量和直方图的分析,可以初步确定该批巧克力的质量分布状况和特征,为企业提供一定的质量管理参考。

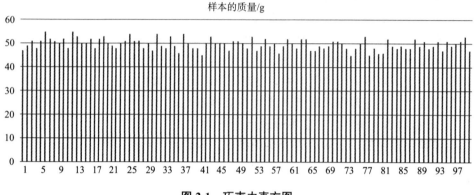

图2-1 巧克力直方图

五、实训总结

完成实训后,学生应能够熟练使用Excel的描述统计功能,掌握样本的平均值、标准差、方差、偏度、峰度等指标的计算方法和使用,能够将数据的描述统计结果进行整理、排版、展示,并对结果进行简单的分析和解读。

实训二 SPSS软件描述统计

一、实训目的

使用SPSS软件进行描述统计分析,以帮助学生掌握描述统计的基本概念、方法和技能,并了解常见的描述统计指标及其含义,从而能够熟练运用SPSS软件进行描述统计分析。

二、实训内容

(1)准备数据,包括数据的收集、录入等操作。

(2)使用SPSS软件进行描述统计分析,包括以下几项。

1)描述统计:学习如何计算数据的平均值、标准差、最大值、最小值等统计量,并学习如何制作频率分布表、直方图等统计图表。

2)单因素方差分析:学习如何进行单因素方差分析,并学习如何对单因素方差分析结果进行解读和报告。

3)相关分析：学习如何进行相关分析，并学习如何对相关分析结果进行解读和报告。

三、实训操作

1. 描述统计的基本概念和方法

(1)描述统计的定义和作用。

(2)描述统计的基本概念和指标，如均值、中位数、众数、标准差、方差、极差等。

(3)描述统计的数据类型和测度水平，如定量数据和定性数据、名义尺度、序数尺度、区间尺度和比例尺度等。

2. SPSS 软件的基本操作和数据处理

(1)SPSS 软件的安装和打开。

(2)SPSS 软件的数据输入和编辑。

(3)SPSS 软件的数据变换和转换，如变量的重新编码、变量的合并、变量的计算等。

(4)SPSS 软件的数据导出和保存。

3. 描述统计的实际应用

(1)应用场景，如调查问卷数据分析、医学研究数据分析、社会调研数据分析等。

(2)应用案例，如人口普查数据分析、教育统计数据分析、企业财务数据分析等。

(3)应用练习，如基于 SPSS 软件的描述统计分析练习题。

四、实训训练

1. 练习题

在 SPSS 软件中进行了三项描述统计分析，即年龄的平均值、标准差和范围，每周吃辣条的次数的平均值、标准差和范围，每次吃辣条的包数的平均值、标准差和范围。使用 SPSS 软件进行描述统计分析，对表 2-11 中的数据进行分析。

表 2-11 辣条调查表

统计数据	年龄/岁	每周吃辣条的次数/次	每次吃辣条的包数/包
平均值	25.5	3.2	2.5
标准差	5.2	1.8	1.0
范围	18~40	0~7	1~3

这 100 个人的平均年龄是 25.5 岁，标准差为 5.2 岁，最大年龄为 40 岁，最小年龄为 18 岁。

这 100 个人每周平均吃 3.2 次辣条，标准差为 1.8 次，最多的人每周吃 7 次辣条，最少的人一周不吃辣条。

这 100 个人每次平均吃 2.5 包辣条，标准差为 1.0 包，大多数人每次吃 1~3 包辣条。

可以得出结论：在这 100 个人中，有相当一部分人每周吃辣条的次数较多，每次吃辣条的包数也比较多，但也有一部分人不怎么吃辣条。因此，不能一概而论辣条在所有人中的受欢迎程度，只能说在这 100 个人中，辣条的受欢迎程度是有限的。

2. 完成实训任务

对表 2-12 中的数据进行描述统计分析，并分析结论。

表 2-12 黄瓜消费情况数据

编号	年龄/岁	每周吃黄瓜的次数/次	每次吃黄瓜的质量/g
1	25	5	100
2	35	3	120
3	28	4	150
4	20	2	80
5	30	5	140
6	22	6	90
7	28	4	120
8	32	5	100
9	29	4	130
10	25	3	110
11	36	2	70
12	24	4	120
13	26	5	100
14	30	6	150
15	23	3	130
16	28	4	120
17	27	5	110
18	31	4	100
19	29	3	80
20	25	5	120
21	27	6	140
22	21	2	100
23	30	3	120
24	35	4	150
25	26	5	120
26	28	3	110
27	29	4	100
28	24	5	80
29	30	2	120
30	27	3	140
31	22	4	100
32	25	5	110
33	28	6	130
34	31	4	120
35	34	3	90
36	26	2	100
37	29	4	120
38	23	5	150

续表

编号	年龄/岁	每周吃黄瓜的次数/次	每次吃黄瓜的质量/g
39	25	6	120
40	28	3	100
41	32	4	110
42	30	5	140
43	27	3	120
44	33	4	100
45	26	5	80
46	28	2	120
47	30	3	130
48	24	4	110

五、实训总结

学生将掌握描述统计分析的基本概念、方法和技能，从而提高其数据分析能力。

综 合 训 练

一、单选题

1. （　　）不影响一组数的平均值。
   A. 最大值　　　　　　　B. 最小值
   C. 中位数　　　　　　　D. 众数
2. （　　）是计算平均值的步骤。
   A. 将所有数相乘　　　　B. 将所有数相减
   C. 将所有数相加　　　　D. 将所有数相除
3. （　　）是计算加权平均值的方法。
   A. 将所有数相加　　　　B. 将所有数相减
   C. 将所有数相乘　　　　D. 将所有数相除
4. （　　）是求平均值时常用的统计量。
   A. 方差　　　　　　　　B. 标准差
   C. 中位数　　　　　　　D. 众数
5. （　　）是计算平均值的意义。
   A. 衡量数据的离散程度　B. 描述数据的中心位置
   C. 衡量数据的相关性　　D. 描述数据的分布形状
6. 在试验中，多次重复的结果非常接近，但与真实值相差较大。这种情况下，结果的精密度（　　）。
   A. 高　　　　　　　　　B. 低
   C. 相同　　　　　　　　D. 无法确定

7. ( )是描述准确度和精密度的关系。
   A. 准确度越高，精密度越低
   B. 准确度越低，精密度越高
   C. 准确度和精密度没有直接关系
   D. 准确度和精密度是相反的概念
8. ( )是衡量准确度和精密度的统计量。
   A. 平均值
   B. 方差
   C. 标准差
   D. 中位数
9. 在有效数字运算中，两个数字相加得到的结果应该保留的有效数字( )。
   A. 与较小的有效数字相同
   B. 与较大的有效数字相同
   C. 与小数位数最多的数字相同
   D. 与整数位数最多的数字相同

二、判断题

1. 平均值可以用来衡量数据的离散程度。 （ ）
2. 平均值可以通过将所有数据相加然后除以数据个数来计算。 （ ）
3. 加权平均值是一种常用的计算平均值的方法。 （ ）
4. 精密度和准确度是相同的概念。 （ ）
5. 精密度越高，数据的离散程度越大。 （ ）
6. 标准差是衡量数据准确度和精密度的统计量。 （ ）
7. 在有效数字运算中，结果应该保留与较大的有效数字相同的位数。 （ ）
8. 在有效数字运算中，两个数字相乘得到的结果应该保留与较大的有效数字相同的位数。 （ ）
9. 在有效数字运算中，小数位数最多的数字决定了结果应该保留的有效数字位数。 （ ）
10. 有效数字是指一个数字中非零数字和末尾的零，用于表示数值的精确度。 （ ）

三、简答题

1. 什么是平均值？如何计算平均值？
2. 加权平均值的概念是什么？
3. 平均值可以用来描述数据的什么特征？
4. 精密度和准确度有何区别？
5. 在有效数字运算中，为什么要保留与较大的有效数字相同的位数？

项目三 假设检验分析

引导语

假设检验分析是一种基于样本数据推断总体的方法。检验统计量与某个已知分布的临界值之间的关系，可以判断样本数据是否代表了总体的某种特征。在食品生产研发中，假设检验分析具有以下作用：确定食品成分含量可信区间、评估食品加工工艺效果、判断食品质量合格性及优化配方。假设检验分析在食品生产研发中扮演着重要角色，能够帮助科学家和工程师更好地理解食品生产过程与产品特性，并为其提供有力支持。

思维导图

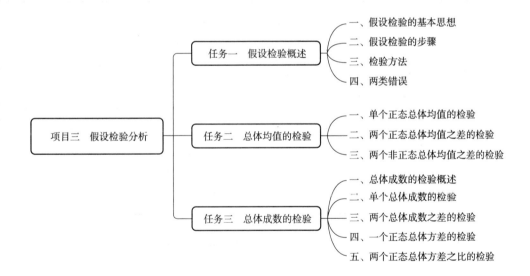

任务一 假设检验概述

工作任务描述

某种饮料在生产过程中需要加入一种特定的添加剂，为确保添加剂的浓度符合要求，从一批生产的饮料中随机抽取了25瓶样品,检测其中添加剂的浓度,结果见表3-1。

表3-1 饮料添加剂的含量

样品编号	含量/(mg·L^{-1})
1	20.3
2	23.8
3	22.1
4	24.6
5	22.8
6	23.2
7	19.7
8	22.4
9	23.5
10	21.9
11	22.3
12	20.7
13	23.1
14	24.2
15	22.6
16	21.8
17	23.5
18	24.1
19	22.9
20	21.6
21	23.4
22	22.7
23	22.8
24	24.3
25	23.9

假设添加剂的标准浓度为 22 mg/L,试判断该批饮料中添加剂的浓度是否符合要求,显著性水平为0.05。

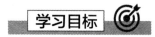

知识目标

1. 了解假设检验的基本思想。
2. 掌握两类错误和假设检验的规则。

能力目标
1. 掌握假设检验的步骤。
2. 学会假设检验分析。

素质目标
1. 坚持安全第一,注重食品安全和研究,保障人民的生命财产安全。
2. 应具备安全意识和应急处理能力,能够在食品行业和研究中注重安全和稳定。
3. 应具备适应时代变化和食品发展改革的能力,能够不断学习和提高自身的素养和能力。

一、假设检验的基本思想

假设检验是一种常见的统计方法,用于确定样本数据是否能够代表总体,或者在表示两个或多个总体之间的差异或关联时是否具有统计显著性。其基本思想是在一个已知置信水平下,通过比较观测值和理论值的差异来判断假设真实性。

假设在大米加工过程中关注的是米粒的长度,希望知道在不同的处理方式下,米粒长度是否有显著差异。可以开展以下假设检验(以 A 和 B 两种加工方式为例):

(1)建立假设:假设 A 和 B 两种加工方式引起的米粒长度没有显著差异,记为 H_0;相反地,如果存在显著差异,则称为对立假设,记为 H_1。

(2)确定判断标准:基于假设,可以建立判断标准,用于确定在特定的置信水平下接受或拒绝假设。一般情况下,置信水平被设置为较高的水平,如 95%、99% 等。

(3)计算样本统计量:在假设检验中,从两个样本中收集数据,并计算与假设相符的差异程度。可以在 A 和 B 样本上分别测量 1 kg 大米的米粒长度,然后计算每种加工方式的平均长度和标准差来描绘这些样本数据的特征。

(4)计算假设检验统计量:假设检验统计量是根据样本数据计算得出的值,用于评估样本统计量与假设值之间的差异。可以使用 t 统计量或 z 统计量等方法计算相应的假设检验统计量。

(5)确定假设是否成立:通过置信水平和假设检验统计量的确定,可以根据判断标准来决定是否接受或拒绝假设。如果接受假设,则说明两种加工方式根据样本数据计算得出的统计学特征是相似的,否则说明这两种加工方式在本质上具有差异。

假设检验是一种强有力的统计学方法,可帮助确定两个或多个总体之间的差异或关联是否具有显著性,以更好地指导实际生产和决策。

如何在生活中应用假设检验,日常生活中有哪些实例?

二、假设检验的步骤

(一)具体步骤

假设检验是一种基于样本数据推断总体的统计方法,通过比较样本数据与某种假设值的差距来判断是否应该接受或拒绝这个假设。假设想要知道使用两种不同的制面机器,制作的面条长度是否存在显著差异,具体步骤如下。

(1)提出假设:需要确定一个零假设(H_0)和一个备择假设(H_1)。零假设可以是使用两种不同机器制作的面条长度不存在显著差异,即 $\mu_1 = \mu_2$;备择假设为制面机器的差异导致面条长度不同。

(2)确定显著水平:需要确定一个最小的显著性水平 α(一般为 0.05 或 0.01),作为决策时的参考依据。

(3)收集数据:收集两组使用不同制面机器制作的样本数据。可以从每台机器中随机选取 10 根面条,测量它们的长度。

(4)计算统计学特征:计算两组样本均值、标准差和样本大小,以衡量数据的统计学特征。

(5)计算假设检验统计量:假设总体方差相等,可以使用双样本 t 检验来计算假设检验统计量。假设检验统计量是计算样本均值之差除以标准误差得出的 t 值。

(6)确定决策规则:使用假设检验统计量和显著性水平来确定是否拒绝零假设或接受零假设。如果 t 值小于临界值,则接受零假设;否则拒绝零假设。

(7)得出结论:利用假设检验统计量和决策规则得出结论,如接受零假设或拒绝零假设。比较两个偏度的大小确定两种制面机器制作面条长度的显著差异。

以上步骤可以用来测试并验证关于制面机器的总体方差是否相等,或是面条长度之差是否存在实质性的增加,可协助决策者科学地进行决策,为企业带来更多价值。

(二)显著性水平和临界值

显著性水平是指在统计学中进行假设检验时所设置的边界,通常用 α 表示。一般情况下,α 取值为 0.05 或 0.01,分别表示置信水平下否认零假设的概率为 5% 或 1%。根据显著性水平,可以计算相应的临界值,并用于判断实际检验结果是否具有统计学意义。

在食品相关研究中,显著性水平和临界值常被用于评估统计学研究结果的显著性。某项研究旨在确定某种食品加工工艺对其营养成分含量是否具有影响。该研究设计了两组试验对照组和试验组,并选取 n 个样本进行测定。之后,采用双侧 t 检验比较两组试验的食品样本,并得出 t 检验统计量。

假设设定显著性水平 $\alpha = 0.05$,且自由度为 $n-1$。依据 t 分布表,当 $\alpha = 0.05$ 时,双侧 t 检验的显著性水平对应的 t 临界值为 $t_{0.025}(n-1)$。如果 t 检验的统计量大于 $t_{0.025}(n-1)$ 或小于 $-t_{0.025}(n-1)$,那么就可以拒绝零假设,即认为这种加工工艺对食品营养成分含量有显著的影响。

假设试验组和对照组的平均营养成分含量分别为 x_1 和 x_2,样本标准差分别为 S_1 和 S_2。假定使用双侧 t 检验的显著性水平为 $\alpha = 0.05$,双尾检验的自由度为 $df = n-1$,则可计算出临界值为 $t_{0.025}(df)$。

如果计算得到的 t 值大于 $t_{0.025}(df)$ 或小于 $-t_{0.025}(df)$，则认为加工工艺对食品营养成分含量有显著影响。如果 t 值介于 $-t_{0.025}(df)$ 和 $t_{0.025}(df)$ 之间，则认为加工工艺对食品营养成分含量没有显著影响。

显著性水平和相应的临界值是统计学中常用的概念。在食品相关研究中，可以使用显著性水平和临界值来判断检验结果的显著性，从而确定研究结论的可靠性。

(三)假设检验注意事项

在进行假设检验时，需要注意以下事项。

以面包生产为例，假设比较两个不同的包装材料对面包保鲜期的影响。采集了每种材料中 24 个样本，每个样本中含有 12 个小面包，做出以下的假设检验。

(1)大小样本的比较：对于较小的样本，需要尝试使用精确检验代替 t 检验，保证结果准确性。

(2)抽样方法及样本来源：需要使用随机抽样方法，尽量地保证样本符合总体的特征，并且超过总体样本大小的 70%。

(3)假设检验的正误：在对零假设进行拒绝时，不能说明零假设是错误的，只是说在统计意义上可以得出不同的结论。在进行假设检验时，需要进行数据的可靠性分析，尽量避免人为塑造数据。

(4)显著性水平的选择：显著性水平是指在进行假设检验时，拒绝零假设的最低显著程度。在实际操作中，更多地是以 0.05 或 0.01 的显著性水平为标准，也可以根据实际情况进行调整。

(5)处理数据的方法：需要对数据进行处理，保证数据的正确性，如对异常值和缺失值的处理、对指标的标准化处理等。

(6)结果的解释和应用：需要对假设检验结果进行解释和应用，并在决策中考虑更多的因素，如市场和营销策略、生产成本等。

在使用假设检验时，需要合理地运用统计学原理和方法，并考虑实际应用的复杂性和多样性，以取得更好的效果。

三、检验方法

(一)t 检验和 μ 检验

1. t 检验和 μ 检验的优缺点

t 检验和 μ 检验均为用于比较两个样本之间差异的统计方法，但它们在适用条件和计算方式上存在差异。

t 检验是一种用于判断两个样本均值是否显著不同的统计方法，通过样本均值、标准差及样本量来计算 t 值，并根据 t 值与显著性水平进行推断。该方法在小样本(通常少于30)且未知方差情况下使用。

μ 检验则是一种非参数统计方法，用于比较两个样本中位数是否显著不同，通过样本大小和秩和来计算 μ 值，并根据 μ 值与显著性水平进行推断。该方法在小样本或数据不符合正态分布情况下使用。

t 检验和 μ 检验都是常见的用于检验两个样本差异的统计方法，具体选择哪种方法应根据数据的特征及实际研究的需要来决定。t 检验和 μ 检验的适用条件：样本来自正态总体或近似正态总体；两样本总体方差相等，即具有方差齐性。在实际应用时，如与上述条件略有偏离，对结果也不会有太大影响。两组样本应相互独立。根据比较对象的不同，t 检验又分为单样本 t 检验、配对 t 检验和两独立样本 t 检验。

2. t 检验和 μ 检验的对比

t 检验和 μ 检验都是常见的假设检验方法，用于对两个样本的均值差异是否显著进行检验。

假设研究两种不同的食品添加剂 A 和 B 对食品品质的影响。随机从两种添加剂中各选取 10 个批次的食品进行检验，测量每个批次的几个关键指标。现在对两种添加剂中的关键指标的差异进行检验，了解是否显著。双尾假设检验如下。

零假设：两种添加剂对指标差异无显著影响（$\mu_A - \mu_B = 0$）。

备择假设：两种添加剂对指标差异有显著影响（$\mu_A - \mu_B \neq 0$）。

（1）t 检验：假设测量的指标服从正态分布，可以采用 t 检验来检验两组数据差异的显著性。假设两组数据的标准差相等，可以采用双样本 t 检验；如果两组数据的标准差不等，可以利用 Satterthwaite 修正后的 t 检验方法。

添加剂 A：4.7，4.4，4.1，3.8，4.3，5.0，4.5，4.2，4.8，4.6；添加剂 B：5.8，5.4，5.2，5.0，5.5，6.1，5.3，5.1，5.6，5.7。

使用估计均值和标准差计算双样本 t 检验。首先计算两种添加剂的样本均值。添加剂 A 的均值为 4.44，标准差为 0.36。添加剂 B 的均值为 5.47，标准差为 0.34。使用以下公式计算两个样本的 t 检验值：

$$t = \frac{\overline{x}_B - \overline{x}_A}{S_P \sqrt{\frac{1}{n_A} + \frac{1}{n_B}}}$$

式中，$\overline{x}_A$ 和 $\overline{x}_B$ 分别为两组样本的均值；S_P 为两组样本的合并标准差；n_A 和 n_B 分别为两组样本的大小。

$$t = (5.47 - 4.44)/(\sqrt{(1/10 + 1/10)} \times 0.35) = 6.58$$

使用 t 分布表（双尾显著性水平为 5%，$df = 18$），计算出 P 值为 0.001。因为 P 值小于 0.05，可以拒绝零假设，即添加剂 A 和 B 对关键指标的影响存在显著差异。

（2）μ 检验：Mann-Whitney μ 检验适用于非正态分布的数据。可以使用 μ 检验来检验两种添加剂中的关键指标是否有显著差异。

添加剂 A：54，55，48，49，52，58，50，53，50，51；

添加剂 B：65，62，61，59，68，67，63，61，66，64。

对于两种添加剂的样本数据排序，根据相对大小获得每个观察值的秩次，然后将每个添加剂的秩和计算出来，这样就获得了添加剂 A 和 B 的 μ 统计值。其计算公式如下：

$$\mu = n_1 \cdot n_2 + n_1 \cdot (n_1 + 1)/2 - R_1$$

式中，n_1 和 n_2 分别为两组数据的样本数；R_1 为添加剂 A 的秩和。

μ 值为 92。使用正态分布近似计算，$\mu = 92$，$n_1 = 10$，$n_2 = 10$，计算 z 得分：

$$z = (\mu - n_1 n_2)/\sqrt{[n_1 n_2 (n_1 + n_2 + 1)/12]}$$

$$z = (92 - 100)/\sqrt{10 \times 10 \times (10 + 10 + 1)/12} = -0.60$$

在双尾检验中,使用 $\alpha = 0.05$ 水平,查附表 1 标准正态分布表 z 临界值为 $1.64 \sim 1.65$。因此,P 值可以通过以下公式计算:
$$P = 2z = -0.36$$

因为 P 值小于 0.05,可以拒绝零假设,即添加剂 A 和 B 对关键指标的影响存在显著差异。

通过 t 检验和 μ 检验可以得到相同的结论:添加剂 A 和 B 对关键指标的影响存在显著差异。t 检验在样本数据正态分布时更适用;而 μ 检验则可以处理偏离正态分布的样本数据。

(二)F 检验

F 检验是一种统计方法,用于比较两个或多个样本的方差是否相等。其零假设是所有样本的方差相等;备择假设是至少有一个样本的方差不相等。F 检验的步骤如下:

(1)确定零假设和备择假设;
(2)计算各组的样本方差和均值;
(3)计算 F 值,即各组的样本方差的比值;
(4)根据自由度和显著水平查找 F 分布表,找到临界值;
(5)比较计算得到的 F 值和临界值,如果 F 值大于临界值,则拒绝零假设,认为至少有一个样本的方差与其他样本不同。

F 检验常用于方差分析(ANOVA)中,用于比较多个组之间的差异是否显著;也可以用于其他领域的数据分析,比如回归分析中的方差比检验。采用 F 检验检验方差齐性,要求样本均来自正态分布的总体。检验统计量 F 等于两样本的较大方差比较小方差,其检验统计量公式如下:

$$F = \frac{S_1^2}{S_2^2}, \quad \nu_1 = n_1 - 1, \quad \nu_2 = n_2 - 1$$

数理统计理论证明:当 $H_0(\sigma_1^2 = \sigma_2^2)$ 成立时,$\frac{S_1^2}{S_2^2}$ 服从 F 分布。F 分布曲线的形状由两个参数 $\nu_1 = n_1 - 1$ 和 $\nu_2 = n_2 - 1$ 决定,F 的取值范围为 $0 \sim \infty$。

统计学家为应用的方便编制了 F 分布临界值表,求得 F 值后,查 F 分布临界值表得 P 值(F 值越大,P 值越小),然后按所取的 α 水平做出推断结论。

由于第一个样本的方差既可能大于第二个样本的方差,也可能小于第二个样本的方差,故两样本方差比较的 F 检验是双侧检验。

假设需要对多组数据进行 F 检验,以判断它们的方差是否具有显著差异,计算方法如下。

假设要比较的是不同品牌的电池的寿命,对于每个品牌,随机选取 10 个电池进行测试,得到的数据见表 3-2。

表 3-2 不同品牌的电池的寿命

品牌	寿命/h									
A	100	120	110	115	105	107	108	103	112	117
B	90	80	85	78	89	92	81	87	83	95
C	95	105	100	98	102	103	99	105	96	97

对于每个品牌的数据，分别计算均值和方差，例如，品牌 A 的均值为 109.7，方差为 40.5；B 的均值为 86，方差为 30.9；C 的均值为 100，方差为 13.1。

计算 F 值，即较大的方差除以较小的方差。例如，对于品牌 A 和 B 来说，F 值的计算公式如下：

$$F = 较大的方差/较小的方差$$

品牌 A 和 B 的 F 值为 $40.5/30.9 \approx 1.31$。

根据 F 值、样本量和自由度的大小，查附表 3 得到显著性水平下的临界值，例如，当样本量为 10、自由度为 2、显著性水平为 0.05 时，临界值为 3.81。如果 F 值大于临界值，则可以认为方差之间存在显著差异；如果 F 值小于临界值，则不能认为不同品牌的电池寿命之间存在显著差异。

四、两类错误

在食品试验设计与统计分析中，同样存在两类错误，即第一类错误和第二类错误。

第一类错误（α 错误）是指在假设检验中，错误地拒绝了一个正确的零假设，即错误地认为存在显著差异或关联性。在检验不同品牌味精是否存在质量差异时，首先假定它们的质量相等（即零假设），然后进行假设检验。如果结果显示不同品牌味精的质量有显著差异，但实际上这个结论是错误的，则说明犯了第一类错误。

第二类错误（β 错误）是指在假设检验中接受了一个错误的零假设，即错误地认为没有显著差异或关联性。以味精测量为例，想要检验不同品牌的味精是否存在质量差异，仍然假设它们的质量相等，随后进行假设检验，结果表明不同品牌味精质量无显著差异。但实际上这个结论是错误的，则说明犯了第二类错误。

在实际应用中，需要根据研究目的和实际情况选择适当的假设检验方法和显著性水平，并进行多次独立测量，以减小第一类错误和第二类错误的概率，从而得出更加精确、可靠的统计结论。

某食品公司生产出一批甜辣味豆腐干，要求每包质量为 500 g。为了检验包装部门的操作是否符合要求，随机抽检 20 包甜辣味豆腐干，得到的质量（g）数据见表 3-3。

表 3-3 甜辣味豆腐干的质量

甜辣味豆腐干质量/g									
504	503	500	500	496	508	498	499	496	502
502	496	501	499	507	500	498	499	502	505

现在，假设该批甜辣味豆腐干的平均包装质量为 500 g，标准差为 2 g。为了检验该假设是否成立，使用双尾 t 检验，显著水平为 0.05。需要判断两类错误的情况。

如果拒绝了零假设，即找到的平均质量与 500 g 相比有显著差异，则 α 错误可能会发生。计算得到样本平均质量为 500.75 g，t 值为 0.997。由于 P 值为 0.341，显著性水平大于 0.05，不能拒绝零假设。这时，即使包装部门的实际包装质量与要求存在偏差，也可能不会发现，发生 α 错误的概率为 7.8%。

如果接受了零假设，即找到的平均质量与 500 g 相比没有显著差异，则 β 错误可能会发生。如果实际平均包装质量是 501 g，则判断出现 β 错误的概率为 16.7%。

在控制食品生产某个环节的过程中,需要根据实际情况、样本特点和统计方法等多个因素来评估两类错误的产生概率,并根据结果进行相应的改进措施。

五、任务实施

对于某种饮料,判断该批饮料中添加剂的浓度是否符合要求,显著性水平为0.05。

(1)提出检验假设,零假设的符号是H_0,备择假设的符号是H_1。根据实际情况判断是双侧还是单侧检验。

(2)选定统计方法,由样本观察值按相应的公式计算统计量的大小,如X_2值、t值等。根据资料的类型和特点,可分别选用z检验、t检验、秩和检验和卡方检验等。

(3)根据统计量的大小及其分布,确定检验假设成立的可能性P值的大小并判断结果。若$P>\alpha$,结论为按α所取水平不显著,不拒绝H_0,即认为差别很可能是由抽样误差造成的,在统计上不成立;如果$P\leq\alpha$,结论为按所取α水平显著,拒绝H_0,接受H_1,则认为此差别不大可能仅由抽样误差所致,很可能是试验因素不同造成的,故在统计上成立。P值的大小一般可查阅相应的界值表得到。

这是一个单样本t检验的问题,零假设为该批饮料中添加剂的浓度符合要求,备择假设为该批饮料中添加剂的浓度不符合要求。样本量为25,样本均值为22.73,样本标准差为1.246。根据t分布表,自由度为24、显著性水平为0.05时,t临界值为1.711。计算t值为2.92,大于t临界值,拒绝零假设,认为该批饮料中添加剂的浓度不符合要求。

任务二 总体均值的检验

工作任务描述

检验某厂商的产品出货均价是否高于全国行业均价。从该厂商出货记录中,随机抽取了100批产品的出货均价,样本均值为450元,样本标准差为50元。全国行业均价为430元。

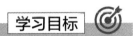

知识目标

1. 掌握单个正态总体均值的检验。
2. 掌握两个正态总体均值之差的检验。
3. 掌握两个非正态总体均值之差的检验。

能力目标

1. 学会单个正态总体均值的检验方法。
2. 学会两个正态总体均值之差的检验方法。
3. 学会两个非正态总体均值之差的检验方法。

素质目标

1. 坚持质量第一,注重食品行业和研究的质量和水平,提高食品产业和研究的影响力和竞争力。

2. 应具备追求卓越的态度和工作方法，能够不断提高工作和研究的质量和水平。

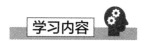

一、单个正态总体均值的检验

(1)建立假设：设总体均值为 μ，建立零假设 H_0 和备择假设 H_1。零假设通常为 $\mu=\mu_0$（μ_0 为给定的数值），备择假设可以是 $\mu>\mu_0$、$\mu<\mu_0$ 或 $\mu\neq\mu_0$。

(2)确定显著性水平：设显著性水平为 α，通常取 0.05 或 0.01。

(3)收集样本数据：从总体中随机抽取样本，样本量为 n，样本均值为 $\bar{x}$，样本标准差为 S。

(4)计算检验统计量：根据样本数据和假设，计算检验统计量。常用的检验统计量有 t 值和 z 值，具体选择哪个检验统计量取决于总体标准差是否已知。如果总体标准差已知，则应该使用 z 值；如果总体标准差未知，则应该使用 t 值。

(5)计算 P 值：根据检验统计量的分布，计算 P 值。P 值表示在零假设成立的情况下，出现比当前样本更极端情况的概率。

(6)做出决策：比较 P 值和显著性水平 α 的大小，如果 P 值小于 α，则拒绝零假设，认为样本均值与 μ_0 存在显著差异；如果 P 值大于或等于 α，则接受零假设，认为样本均值与 μ_0 没有显著差异。

(7)得出结论：根据做出的决策，得出结论并进行解释。在进行单个正态总体均值的检验时，需要确保样本来自正态分布的总体，并且样本容量足够大，一般要求 $n\geq30$。如果样本容量较小，可以使用 t 分布来代替正态分布进行假设检验。

例如，正在对一家黄桃种植园的果实质量进行检验，假设种植园的管理者声称，黄桃的平均质量为 250 g。需要进行检验以确定这一主张是否可信。

1)建立假设：建立零假设和备择假设。对于这个案例，零假设为种植园的黄桃平均质量等于 250 g，备择假设为种植园的黄桃平均质量不等于 250 g。

2)确定显著性水平：设定显著性水平，即错误拒绝零假设的概率，通常为 0.05 或 0.01。

3)收集样本数据：从这个黄桃种植园中随机抽取一定数量的样本，假设样本大小为 20 个，然后测量每个黄桃的质量。

4)计算检验统计量：根据抽样数据计算得到样本均值和标准差。使用一个单个样本的 t 检验，计算出 t 值，其计算公式如下：

$$t=(\bar{x}-\mu)/(S/\sqrt{n})$$

式中，$\bar{x}$ 是样本均值；μ 为零假设中的总体均值；S 为样本标准差；n 为样本数量。

5)计算 P 值：利用 t 检验的分布概率表，计算 t 检验的 P 值。P 值表示当零假设为真时，得到的统计量或更极端统计量的概率。

6)做出决策：如果 P 值小于设定的显著性水平，则拒绝零假设；如果 P 值大于设定的显著性水平，则不能拒绝零假设。

7) 得出结论：例如，抽到的样本数据表明黄桃平均质量为 255 g，样本标准差为 3 g，可以使用上述步骤来对这个主张进行检验。在这个例子中，t 值为 7.46，根据 t 分布概率表，对于自由度为 19 的 t 分布，t 值大于 7.46 的概率是 0.01，所以，P 值应该小于 0.01。在这个例子中，将拒绝零假设，并得出结论，即这个黄桃种植园的平均质量不是 250 g。

（一）总体方差 σ^2 已知——z 检验

z 检验是一种利用正态分布来检验总体均值是否等于某个特定值的检验方法，常用于样本量大于 30 的情况。在食品研发中，z 检验可以用于判断特定食品成分含量是否符合标准。

某食品公司生产某种蛋糕，规定其麦芽糊精含量应该不超过 1.2 g/100 g。为了确定生产的蛋糕是否符合质量要求，该公司随机抽取 32 个蛋糕样本，测量其麦芽糊精含量，得到样本均值为 1.05 g/100 g，样本标准差为 0.15 g/100 g。可以使用 z 检验来检验该种蛋糕的麦芽糊精含量是否符合标准。

根据 z 检验公式：

$$z=(\bar{x}-\mu)/(\sigma/\sqrt{n})$$

式中，$\bar{x}$ 为样本均值；μ 为总体均值；σ 为样本标准差；n 为样本量。

代入上述数据得

$$z=(1.05-1.2)/(0.15/\sqrt{32})=-5.66$$

假设显著性水平为 $\alpha=0.05$，因为这是双侧检验，所以 $\alpha/2=0.025$。根据标准正态分布表，当 $\alpha/2=0.025$ 时，z 临界值为 1.96（或者 -1.96）。

由于计算出的 z 值小于 -1.96，即 $z<-1.96$，说明样本均值 1.05 g/100 g 与总体均值 1.2 g/100 g 相比存在显著差异，即麦芽糊精含量低于标准要求，需要对生产工艺进行调整。

z 检验可以帮助食品研发人员判断特定食品成分含量是否符合标准。在实际应用中，需要注意样本量的大小，以及显著性水平的设定等因素，从而确保检验结果的有效性。

（二）总体方差 σ^2 未知——t 检验

t 检验是一种利用 t 分布来检验总体均值是否等于某个特定值的检验方法，常用于样本量小于 30 的情况。在食品生产中，t 检验可以用于确定生产中某个环节是否对食品品质产生了影响。

某食品公司生产一种牛肉干，其中含有一种特殊的调味料。为了确定该调味料对牛肉干品质是否有影响，该公司随机抽取 10 个样品，在添加调味料后测量其口感评分，再在不添加调味料的情况下测量其口感评分。其中，每种情况下 10 个样品的平均口感评分及样本标准差见表 3-4。

表 3-4 口感评分

添加调味料	不添加调味料
8.5±0.83	7.5±0.55

可以使用 t 检验来检验添加调味料后牛肉干口感变化是否显著。假设显著性水平为 $\alpha=0.05$，双尾检验，则自由度为 18（样本量之和减 2）。

根据 t 检验的公式：

$$t=(\bar{x}_1-\bar{x}_2)/(S/\sqrt{n})$$

式中，$\bar{x}_1$ 和 $\bar{x}_2$ 分别为两组样本的均值；S 为两组样本的标准差；n 为每组样本量。

代入上述数据得

$$t=(8.5-7.5)/[(0.83+0.55)/\sqrt{10}]=2.29$$

根据 t 分布表，双尾检验的自由度为 18 时，显著性水平为 0.05 对应的 t 临界值为 2.101（或者 -2.101）。

由于计算出的 t 值大于 2.101，即 $t>2.101$，说明添加特殊调味料后的口感评分显著高于不添加调味料的口感评分，认为调味料对牛肉干品质有显著影响（$P<0.05$）。

t 检验可以帮助食品生产人员确定某个环节对食品品质产生的影响。在实际应用中，需要注意样本量的大小、调味料添加方式及显著性水平的设定等因素，从而确保检验结果的准确性和有效性。

假设想要检验某个工厂生产的产品的尺寸是否符合要求，要求的尺寸为 $\mu_0=10$ cm。随机抽取了 $n=25$ 个产品进行测试，得到的样本均值为 $\bar{x}=9.8$ cm，样本标准差为 $S=0.5$ cm。现在想要检验工厂生产的产品的尺寸是否符合要求，也就是 $H_0: \mu=\mu_0$，$H_1: \mu\neq\mu_0$。假设显著性水平为 $\alpha=0.05$。根据上面的公式，可以计算出检验统计量 t 如下：

$$t=\frac{9.8-10}{\frac{0.5}{\sqrt{25}}}=-2$$

自由度为 $n-1=24$，在显著性水平 $\alpha=0.05$ 的情况下，t 分布的临界值为 $t_{0.025,24}=-2.064$ 和 $t_{0.975,24}=2.064$。由于 $t=-2$ 落在拒绝域中，可以拒绝 H_0，认为工厂生产的产品的尺寸不符合要求。

学而思

在食品农产品质量安全检测过程中，如何分析检测结果？如何利用学习的假设检验来判断，有什么优点？

二、两个正态总体均值之差的检验

两个正态总体均值之差的检验可以使用 t 检验来进行。具体步骤如下。

提出假设：假设两个总体的均值分别为 μ_1 和 μ_2，要检验的假设如下：

$H_0: \mu_1-\mu_2=0$（两个总体均值相等）

$H_1: \mu_1-\mu_2\neq 0$（两个总体均值不相等）

确定显著性水平 α，一般取 0.05 或 0.01。

收集样本数据，计算两个样本的均值 $\bar{x}_1$、$\bar{x}_2$ 和标准差 S_1、S_2。

计算 t 值。t 值的计算公式如下：

$$t=(\bar{x}_1-\bar{x}_2)/\sqrt{\frac{S_1^2}{n_1}+\frac{S_2^2}{n_2}}$$

计算自由度。自由度的计算公式如下：
$$df = n_1 + n_2 - 2$$

查找 t 分布表，确定 t 临界值。根据自由度和显著性水平 α 查找 t 分布表，得到 t 值的临界值。

比较 t 值和 t 临界值，得出结论。如果 t 值小于 t 临界值，则接受零假设 H_0，认为两个总体的均值没有显著差异；如果 t 值大于 t 临界值，则拒绝零假设 H_0，认为两个总体的均值有显著差异。

假设有两个正态分布的总体 X 和 Y，它们的均值分别为 μ_1 和 μ_2，方差分别为 σ_1^2 和 σ_2^2，现在想要检验它们的均值是否相等，也就是 $H_0: \mu_1 = \mu_2$。

为了进行假设检验，需要先选择一个合适的检验统计量。由于要比较的是两个总体的均值，可以使用两个样本的均值之差作为检验统计量。可以计算样本均值之差 $\overline{X} - \overline{Y}$，然后用样本标准差的无偏估计来计算它们的标准误差，即

$$SE = \sqrt{\frac{S_1^2}{n_1} + \frac{S_2^2}{n_2}}$$

式中，S_1 和 S_2 分别为两个样本的标准差；n_1 和 n_2 分别为两个样本的大小。

可以计算检验统计量 t，即

$$t = \frac{\overline{X} - \overline{Y} - (\mu_1 - \mu_2)}{SE}$$

如果两个总体均值相等，那么 t 的分布应该是自由度为 $n_1 + n_2 - 2$ 的 t 分布。可以根据 t 分布的临界值来判断 H_0 是否成立。如果 t 的值落在 t 分布的拒绝域中，则拒绝 H_0，否则接受 H_0。

假设想要比较两个班级的数学成绩，其中班级 A 的成绩有 $n_1 = 20$ 个样本，均值为 $\overline{X} = 75$，标准差 $S_1 = 10$；班级 B 的成绩有 $n_2 = 25$ 个样本，均值 $\overline{Y} = 80$，标准差为 $S_2 = 12$。现在想要检验班级 A 的数学成绩是否显著低于班级 B，也就是 $H_0: muA = muB$，$H_1: muA < muB$。假设显著性水平 $\alpha = 0.05$。根据上面的公式，可以计算出检验统计量 t 如下：

$$t = \frac{75 - 80}{\sqrt{\frac{10^2}{20} + \frac{12^2}{25}}} = -1.52$$

自由度为 $n_1 + n_2 - 2 = 43$，在显著性水平为 $\alpha = 0.05$ 的情况下，t 分布的临界值为 $t_{0.05,43} = -1.68$。由于 $t = -1.52$ 大于 $t_{0.05,43}$，可以接受 H_0，认为班级 A 数学成绩低于班级 B 不显著。

三、两个非正态总体均值之差的检验

如果两个总体不服从正态分布，可以使用 Wilcoxon 秩和检验（也称为 Mann-Whitney μ 检验）来检验两个非正态总体均值之差。以下是 Wilcoxon 秩和检验的具体步骤。

（1）提出假设：假设两个总体的中位数分别为 m_1 和 m_2，要检验的假设如下：

$H_0: m_1 - m_2 = 0$（两个总体中位数相等）；

$H_a: m_1 - m_2 \neq 0$（两个总体中位数不相等）。

确定显著性水平 α，一般取 0.05 或 0.01。

收集样本数据,并将两个样本合并成一个样本。

对合并后的样本进行排序,并为每个数据点标记秩次,即从小到大排列后,第一个数据点的秩次为1,第二个数据点的秩次为2,以此类推。

(2)计算秩和:分别计算两个样本在合并后的样本中的秩和,记为 R_1 和 R_2。

(3)计算检验统计量 μ:检验统计量 μ 的计算公式如下:

$$\mu = \min(R_1, R_2)$$

(4)计算临界值:根据样本量和显著性水平 α 查找 Wilcoxon 秩和检验表,得到 W 的临界值。

比较 W 值和临界值,得出结论。如果 W 值小于临界值,则接受零假设 H_0,认为两个总体的中位数没有显著差异;如果 W 值大于临界值,则拒绝零假设 H_0,认为两个总体的中位数有显著差异。

当两个总体均值之差的分布未知或不是正态分布时,可以使用非参数检验方法来比较它们的均值。其中一种非参数方法是 Wilcoxon 秩和检验。该检验基于样本中的秩次来比较两个总体的均值。

假设随机抽取了20瓶品牌 A 的酱油和25瓶品牌 B 的酱油,分别测量它们的咸度,得到样本数据如下:

品牌 A 的酱油咸度:6.1,5.9,5.8,5.7,5.5,5.4,5.3,5.2,5.1,5.0,4.9,4.8,4.7,4.6,4.5,4.4,4.3,4.2,4.1,4.0;

品牌 B 的酱油咸度:6.5,6.4,6.3,6.2,6.1,6.0,5.9,5.8,5.7,5.6,5.5,5.4,5.3,5.2,5.1,5.0,4.9,4.8,4.7,4.6,4.5,4.4,4.3,4.2,4.1。

问:品牌 A 和品牌 B 的酱油咸度是否有差异?

(1)设置零假设和备择假设:

H_0:品牌 A 和品牌 B 的酱油咸度相同;

H_1:品牌 A 和品牌 B 的酱油咸度不同。

(2)计算秩和。首先将两个样本合并成一个样本,然后从小到大排序,检验咸度为4,计算每个值的秩次,最后将秩次之和分别计算出来。

品牌 A 的酱油咸度:6.1,5.9,5.8,5.7,5.5,5.4,5.3,5.2,5.1,5.0,4.9,4.8,4.7,4.6,4.5,4.4,4.3,4.2,4.1,4.0。

秩次:22,20,19,18,16,15,14,13,12,11,10,9,8,7,6,5,4,3,2,1。

品牌 B 的酱油咸度:6.5,6.4,6.3,6.2,6.1,6.0,5.9,5.8,5.7,5.6,5.5,5.4,5.3,5.2,5.1,5.0,4.9,4.8,4.7,4.6,4.5,4.4,4.3,4.2,4.1。

秩次:26,25,24,23,22,21,20,19,18,17,16,15,14,13,12,11,10,9,8,7,6,5,4,3,2。

秩和:$R_1 = 22+20+19+\cdots+2+1 = 215$;

$R_2 = 26+25+24+\cdots+3+2 = 350$。

(3)计算 μ 值。根据样本大小和秩和计算 μ 值。

$$n_1 = 20, \quad n_2 = 25$$

$$\mu_1 = n_1 \times n_2 + n_1(n_1+1)/2 - R_1 = 20 \times 25 + 20(20+1)/2 - 215 = 495$$

$$\mu_2 = n_1 \times n_2 + n_2(n_2+1)/2 - R_2 = 20 \times 25 + 25(25+1)/2 - 350 = 475$$

(4)计算显著性水平。查找 Wilcoxon 秩和检验表格，根据 μ 值和样本大小，找到对应的显著性水平。以 $\alpha = 0.05$ 为例，查表可以得到临界值为 39，因为 $\mu_2 > 39$，所以 P 值小于 0.05，拒绝零假设。

(5)判断结论。因为 P 值小于 0.05，所以拒绝零假设，即认为品牌 A 和品牌 B 的酱油咸度有差异。

Wilcoxon 秩和检验，得出结论：品牌 A 和品牌 B 的酱油咸度有显著差异。

四、任务实施

假设检验是一种常用的数据分析技术，在食品生产领域，可以应用到多个方面，例如判断某种添加剂是否对产品的质量有显著的改善、比较不同生产批次的产品质量是否有差异等。

对于工作任务中某厂商的产品出货均价是否高于全国行业均价的检验步骤如下。

假设：厂商的产品出货均价高于全国行业均价。

显著性水平：设定显著性水平为 0.05。

方法：使用单样本 t 检验进行假设检验。

计算：根据样本数据可以计算出 t 值：

$$t = (样本均值 - 总体均值)/(样本标准差/样本大小的平方根)$$
$$t = (450 - 430)/(50/10) = 4$$

查附表 2 得到 t 分布的临界值为 1.984，P 值为 0.000 1。

由于计算得到的 t 值大于 t 分布的临界值，且 P 值小于显著性水平，可以拒绝零假设，认为该厂商的产品出货均价显著高于全国行业均价。

该假设检验结果表明，有充分的证据支持厂商产品出货均价高于全国行业均价。该厂商的产品质量可能更优异，或者在市场上具有更高的竞争力。

任务三　总体成数的检验

工作任务描述

某餐厅在使用的某种食材的生产记录中，随机抽取了 200 份样本，发现其中 15 份不合格。根据行业监管机构的数据，该种食材的平均不合格率为 5%。试用总体成数检验餐厅使用的某种食材的不合格率是否高于行业均值。

学习目标

知识目标

1. 掌握单个总体成数的检验。
2. 掌握两个总体成数之差的检验。
3. 在各种统计下做方差检验。

能力目标

1. 学会单个总体成数的检验方法。

2. 学会两个总体成数之差的检验方法。
3. 学会方差检验。

素质目标

1. 坚持以人为本，注重培养综合素质和能力，为职业发展和社会服务做好准备。
2. 应具备综合素质和职业能力，能够为社会服务做出贡献。
3. 应具备调查设计和实施的能力，能够独立完成各种食品调查项目。

学习内容

总体成数检验是一种假设检验方法，其针对一个总体中某一特定属性的比例或百分数，对样本数据进行统计分析，进而判断该总体中该特定属性的实际比例是否与理论比例存在显著差异。

一、总体成数的检验概述

(一)检验方法和步骤

(1)建立假设：确定零假设和备择假设，其中零假设表明总体中该特定属性的实际比例等于所提出的理论比例，而备择假设则表明总体中该特定属性的实际比例与所提出的理论比例不相等。

(2)选择适当的检验统计量：根据假设检验的理论基础和具体情况，选用合适的统计量作为检验工具，如 z 检验或卡方检验等。

(3)设定显著性水平：确定显著性水平，一般采用 0.05 或 0.01 表示在假设检验中错误地拒绝零假设概率。

(4)计算检验统计量值：利用样本数据计算相应的检测统计量值(如 z 值或卡方值)。

(5)求解临界值：根据显著性水平和样本大小，在统计图表或集中分布函数表上寻找对应临界值。

(6)判断是否接受或拒绝原始假设：将求得的测试统计量与临界值进行比较，若测试统计量大于临界值，则需要拒绝原始假设；反之，则接受原始假设。

(二)注意事项

在进行总体成数的检验时，应明确检验目的和对象，选择适宜的假设检验方法和统计量。样本选取需要具有随机性和代表性，以获得可靠结果，避免抽样偏差。对于不同结构和类型的样本数据，应选择相应的检验方法和统计量。在计算检验统计量时，要注意测量单位和数据比例转换问题，以避免出现错误。在解释结果及其应用时，需考虑假设检验限制与偏差，并结合实际情况做出合理解释与决策。

二、单个总体成数的检验

单个总体成数的检验是指对于一个总体的某个特定参数，如均值或比例，进行假设检验。假设检验的目的是判断样本数据是否与总体参数相符。

假设某个食品加工厂生产了一批饼干，需要对其中的糖分含量进行检验。从生产线上随机抽取了 10 个饼干,测量它们的糖分含量,得到以下数据(单位:g):25.1、23.5、26.2、24.9、25.8、24.5、25.3、25.6、24.7、24.3,假设厂方规定这批饼干的糖分含量应该在 25 g 左右,现在需要对这个假设进行检验,计算方法和步骤如下。

(1)建立假设。设总体糖分含量的平均值为 μ,进行如下的假设:

零假设 H_0:$\mu=25$;

备择假设 H_1:$\mu\neq25$。

(2)确定显著性水平 α。根据实际需求和应用场景,确定显著性水平 α 的大小,例如 $\alpha=0.05$ 表示希望在 95% 的置信水平下得出结论。

(3)计算统计量。根据样本数据和假设的总体参数计算统计量的值。由于总体标准差未知,采用 t 分布进行检验。t 值的计算公式如下:

$$t=(\bar{x}-\mu)/(S/\sqrt{n})$$

式中,$\bar{x}$ 为样本均值;μ 为总体均值;S 为样本标准差;n 为样本容量。

样本均值为 24.99,样本标准差为 0.791,样本容量为 10,总体均值的假设值为 25。t 值的计算结果如下:

$$t=(24.99-25)/(0.791/\sqrt{10})\approx-0.04$$

(4)计算 P 值。根据 t 值和自由度($n-1$)的大小,查附表 2 得到 P 值。例如,当自由度为 9、显著性水平为 0.05 时,P 值为 0.289。

(5)判断结论。根据 P 值和显著性水平 α 的大小,判断结论。如果 P 值小于 α,则拒绝零假设,认为样本数据与总体参数存在显著差异;否则,接受零假设,认为样本数据与总体参数相符。P 值远大于 α,不能拒绝零假设,认为这批饼干的糖分含量与规定值相符。

三、两个总体成数之差的检验

学而思

在食品生产过程中,如何分析生产结果?如何利用学习的假设检验来判断生产的有效性?

两个总体成数之差的检验是指对于两个总体的某个特定参数,如均值或比例,进行假设检验,以判断两个总体之间是否具有显著差异。以下以食品相关的例题来说明两个总体成数之差的检验方法和步骤。

假设某个食品加工厂生产了两批饼干,需要比较它们的糖分含量是否存在显著差异。从两个生产线上各随机抽取 10 个饼干,测量它们的糖分含量,得到的数据见表 3-5。

表 3-5　饼干糖分含量

批次	糖分含量/g									
批次 1	25.1	23.5	26.2	24.9	25.8	24.5	25.3	25.6	24.7	24.3
批次 2	22.8	22.1	23.5	22.9	23.2	23.7	23.8	22.5	22.4	23.6

假设这两批饼干的糖分含量应该在 25 g 左右，现在需要对这个假设进行检验，计算方法和步骤如下。

(1) 建立假设。设批次 1 的糖分含量的均值为 μ_1，批次 2 的糖分含量的均值为 μ_2，进行如下的假设：

零假设 H_0：$\mu_1 - \mu_2 = 0$；

备择假设 H_1：$\mu_1 - \mu_2 \neq 0$。

(2) 确定显著性水平 α。根据实际需求和应用场景，确定显著性水平 α 的大小，例如 $\alpha = 0.05$ 表示希望在 95% 的置信水平下得出结论。

(3) 计算统计量。根据样本数据和假设的总体参数，计算统计量的值。由于总体标准差未知，采用 t 分布进行检验。统计量的计算公式为

$$t = \frac{\mu_1 - \mu_2}{\sqrt{\frac{((n_1-1)S_1^2 + (n_2-1)S_2^2)}{n_1 + n_2 - 2}\left(\frac{1}{n_1} + \frac{1}{n_2}\right)}}$$

式中，μ_1 和 μ_2 分别为两个样本的均值；S_1^2 和 S_2^2 为两样本方差；n_1 和 n_2 为两样本容量。

批次 1 的样本均值为 24.99，批次 2 的样本均值为 23.05，则

$$t = \frac{\mu_1 - \mu_2}{\sqrt{\frac{(n_1-1)S_1^2 + (n_2-1)S_2^2}{n_1 + n_2 - 2}\left(\frac{1}{n_1} + \frac{1}{n_2}\right)}} = \frac{24.99 - 23.05}{\sqrt{\frac{(10-1)\times 0.63^2 + (10-1)\times 0.34^2}{10+10-2}\times\left(\frac{1}{10}+\frac{1}{10}\right)}}$$
$$= 37.86$$

根据 t 值和自由度 $(n-1)$ 的大小，查附表 2 t 值表得到 P 值。自由度为 19，显著性水平为 0.05 时，P 值为 1.729。根据 P 值小于 t，则拒绝零假设，认为样本数据与总体参数存在显著差异。

四、一个正态总体方差的检验

在食品生产中，假设检验是一种常用的统计方法。当需要检验一个正态总体的方差是否等于某个特定值时，可以使用方差检验。

假设公司生产的罐装小气泡饮料的净含糖量服从正态分布。为了检验罐装小气泡饮料的净含糖量标准差是否等于 2 g，从生产线上随机抽取了 36 罐，得到的数据见表 3-6。

表 3-6　罐装小气泡饮料的净含糖量

净含糖量/g								
15.4	15.4	16.2	15.8	14.9	15.2	15.1	14.6	15.7
15.2	16.2	15.6	15.5	14.7	16.1	15.7	15.5	15.3
15.5	14.7	15.9	15.9	15.3	15.2	15.7	15	15.9
15.2	15.6	15.8	15.1	15.5	15.9	16.1	14.3	15.8

现在需要进行方差检验，假设总体方差为 2，显著性水平为 0.05。方差检验的基本原理是用样本方差来估计总体方差，并计算检验统计量 (F 值)。如果 F 值小于临界值，则无法拒绝零假设；如果 F 值大于临界值，则可以拒绝零假设。

首先，计算样本方差为 0.238 2。由于样本数据呈正态分布，样本大小为 36，可以使

用 F 分布来计算临界值。使用 Excel 或 Python 等统计软件，可以计算得到显著性水平为 0.05、自由度为 35 和 1 时的 F 分布的临界值为 3.870。

计算检验统计量 F 值为 0.506。由于 F 值小于临界值 3.870，无法拒绝零假设。也就是说，罐装小气泡饮料的净含糖量标准差可以假设为 2 g。

根据结果，饮料公司可以对生产过程进行必要的调整，以确保产品质量和稳定性，从而更好地满足消费者需求和企业利益。

正态总体方差的检验是指对于一个正态总体的方差进行假设检验，以判断样本方差是否与总体方差相符。下面以食品相关的例题来说明正态总体方差的检验方法和步骤。

假设某个食品加工厂生产了一批饼干，需要对其中的质量方差进行检验。从生产线上随机抽取了 10 个饼干，称量它们的质量，得到以下的数据（单位：g）：24.5、25.2、23.9、24.8、24.6、24.3、25.1、24.4、25.7、24.2，假设这批饼干的质量方差应该在 0.25 g 左右，现在需要对这个假设进行检验，计算方法和步骤如下。

(1) 建立假设：设总体质量方差为 σ^2，进行以下的假设：

零假设 H_0：$\sigma^2 = 0.25$；

备择假设 H_1：$\sigma^2 \neq 0.25$。

(2) 确定显著性水平 α：根据实际需求和应用场景，确定显著性水平 α 的大小，例如 $\alpha = 0.05$ 表示希望在 95% 的置信水平下得出结论。

(3) 计算统计量：根据样本数据和假设的总体参数，计算统计量的值。由于总体均值未知，采用卡方分布进行检验。统计量的计算公式如下：

$$\chi^2 = (n-1)S^2/\sigma^2$$

式中，n 为样本容量；S^2 为样本方差；σ^2 为总体方差。

样本容量为 10，样本方差为 0.298，总体方差的假设值为 0.25。统计量的计算结果如下：

$$\chi^2 = (10-1) \times 0.298/0.25 = 10.728$$

(4) 判断结论：根据 χ^2 值和显著性水平 α 的大小，判断结论。如果 χ^2 值小于 α，则拒绝零假设，认为样本数据与总体参数存在显著差异；否则，接受零假设，认为样本数据与总体参数相符。χ^2 值远大于 α，不能拒绝零假设，认为样本数据与总体参数相符。

五、两个正态总体方差之比的检验

两个正态总体方差之比的检验是指检验两个正态总体方差比是否等于一个给定值的假设检验方法。其检验统计量为 F 分布，检验方法为假设检验。

(一) 假设检验步骤

1. 提出零假设和备择假设

零假设 H_0：$\sigma_1^2/\sigma_2^2 = k$，备择假设 H_1：$\sigma_1^2/\sigma_2^2 \neq k$。式中，$\sigma_1^2$ 和 σ_2^2 分别为两个总体的方差，k 为给定值。

2. 确定检验统计量

根据数据情况，确定检验统计量为 F 分布，即 $F = \dfrac{S_1^2/\sigma_1^2}{S_2^2/\sigma_2^2}$，式中，$S_1^2$ 和 S_2^2 分别为两个

样本的方差。

3. 选择显著性水平 α

一般取 0.05 或 0.01。

4. 确定拒绝域

根据显著性水平和自由度确定 F 分布表中的临界值 F_α。拒绝域为 $F<F_\alpha$ 或 $F>F_{1-\alpha}$。

5. 计算样本均值、样本方差和 F 值

根据样本数据，计算样本均值、样本方差和 F 值。

6. 判断并做出结论

如果 F 值在拒绝域内，则认为零假设不成立；否则接受零假设。

(二)案例分析

(1)某工厂在生产某种饮料时，用两个不同的设备进行灌装。在 10 次试验中，第一个设备的灌装体积样本方差为 0.004，第二个设备的灌装体积样本方差为 0.002。试验证明，在 0.05 的显著性水平下，两个设备的灌装体积方差不相等。

解决方案：

1)提出零假设和备择假设：

$$H_0: \sigma_1^2/\sigma_2^2=1, \quad H_1: \sigma_1^2/\sigma_2^2\neq 1$$

2)确定检验统计量：

检验统计量为 F 分布，$F=\dfrac{S_1^2/\sigma_1^2}{S_2^2/\sigma_2^2}$。

3)选择显著性水平 α：选择 $\alpha=0.05$。

4)确定拒绝域：在 F 分布表中查找 F 临界值，自由度分别为 $(n_1-1)=9$ 和 $(n_2-1)=9$。得到 $F_{0.025}=0.138$ 和 $F_{0.975}=7.727$。

拒绝域为 $F<0.138$ 或 $F>7.727$。

5)计算样本均值、样本方差和 F 值：

样本 1 的方差 $S_1^2=0.004$，样本 2 的方差 $S_2^2=0.002$，自由度分别为 9 和 9。

计算 F 值如下：

$$F=(0.004/\sigma_1^2)/(0.002/\sigma_2^2)=2$$

6)判断并做出结论：$F=2$ 在拒绝域之外，无法拒绝零假设，即认为两个设备的灌装体积方差是相等的。

两个正态总体方差之比的检验可以用于判断样本方差与给定值是否有显著差异，是一种很重要的假设检验方法。

(2)在食品生产中，经常需要比较两个正态总体的方差大小，以评估产品质量是否稳定。使用方差之比检验，可以检验两个正态总体方差是否相等。下面以某品牌饼干的例子来说明如何进行两个正态总体方差之比的检验。

例如，假设想要检验某品牌饼干的不同生产线的食品含铬量是否相等。随机抽取了两条生产线，每条生产线抽取了 15 个饼干，测量它们的食品含铬量(单位：mg/kg)，得到的数据见表 3-7。

表 3-7 食品含铬量

项目	含铬量/(mg·kg^{-1})														
生产线1	42.8	45.6	50	55.4	43.9	44.2	44.4	47.3	47.7	42	50.5	44.1	48.5	49	50.5
生产线2	49.4	47.8	51.2	45.5	50.3	48.4	43.2	44.7	46.3	48.6	49.7	47.1	45.1	48	50.9

首先要检验两条生产线的样本方差是否相等。可以使用 F 检验，基本思路是将两个样本的方差比较，计算出 F 值和对应的显著性水平下的临界值。在这个例子中，计算出两个样本的标准差分别为 3.67 和 2.40。样本大小是 15，使用 F 分布可以求出显著性水平为 0.05 时的临界 F 值是 2.58。

计算检验统计量 F 值为 2.34，因为 F 值小于临界 F 值 2.58，所以无法拒绝零假设，即两条生产线的样本方差相等。

可以进行方差之比检验，即计算两个样本的方差之比的检验统计量。其计算公式如下：

$$F = \frac{S_1^2}{S_2^2}$$

式中，S_1^2 和 S_2^2 分别为两个样本的方差。

为了检验这个假设，可以用一个 t 分布的变体，F 分布的临界值（在这种情况下称为临界 F 值）确定是否可以拒绝假设。在这个例子中，计算出生产线 1 和生产线 2 的方差之比为 2.34，自由度为 14 和 14 的临界 F 值为 3.70。

由于计算得到的 F 值为 2.34，F 值小于临界 F 值 3.70，可以接受两条生产线的方差相等的零假设。也就是说，两条生产线差异不显著。

根据这个结论，饼干制造商可以调整制造工艺以获得更加稳定的含铬量来提高产品质量，满足消费者需求，并增加企业利润。

六、任务实施

研究问题：某餐厅使用的某种食材的不合格率是否高于行业均值。

样本数据：从该餐厅使用的该种食材的生产记录中，随机抽取了 200 份样本，发现其中 15 份不合格。根据行业监管机构的数据，该种食材的平均不合格率为 5%。

假设：该餐厅使用的该种食材的不合格率高于行业均值。

显著性水平：设定显著性水平为 0.05。

方法：使用单样本比例检验进行假设检验。

计算：根据样本数据，可以计算出该餐厅使用的该种食材的不合格率为 15/200 = 0.075。根据总体比例为 0.05，计算得到 z 值：

$$z = (样本比例 - 总体比例)/总体标准误差$$

$$总体标准误差 = \sqrt{总体比例 \times (1-总体比例)/样本大小}$$

$$z = (0.075 - 0.05)/\sqrt{0.05 \times 0.95/200}$$

$$= 1.62$$

查附表 1 得到标准正态分布的临界值为 1.96，P 值为 0.017。

由于计算得出的 z 值小于标准正态分布的临界值，且 P 值小于显著性水平，可以接受零假设，认为该餐厅使用的该种食材的不合格率高于行业均值。

该假设检验结果表明，有充分的证据支持该餐厅使用的该种食材的不合格率高于行业平均值。该餐厅需要提高对该食材的质量管控，以确保食品安全和质量。

实训一　Excel 软件统计推断

一、实训目的

统计推断是一种利用概率统计理论对样本数据进行分析和推断，以便对总体进行估计和判断的方法。在实际应用中，由于难以获得总体数据，采用样本数据来推断总体是常见的做法。实训项目要求掌握 Excel 软件的统计推断功能，学会使用 Excel 进行数据的假设检验和置信区间估计。

二、实训操作

在统计推断中，采样是至关重要的步骤。采样是指从总体中随机抽取一部分个体进行观测和测量，以获取代表性的样本数据。为确保样本数据能够准确反映总体特征，采样必须严格遵循随机原则。

(1)假设检验：学习如何进行假设检验，包括单样本 t 检验、双样本 t 检验、配对样本 t 检验、卡方检验等操作，并学习如何对检验结果进行解读和报告。

(2)置信区间估计：学习如何进行置信区间估计，包括均值置信区间估计、比例置信区间估计等操作，并学习如何对估计结果进行解读和报告。

对统计推断分析结果进行解读和报告，包括对假设检验和置信区间估计的结果进行解读，以及对分析结果进行汇报和总结。

在 Excel 软件中，可以随机函数来进行采样。可以使用 RAND 函数生成随机数，然后再使用排列函数进行随机排序，从而实现随机抽样。

三、实例演示

假设某公司生产的饼干在包装前需要经过称重，称重的结果见表 3-8。

现在需要对该公司生产的所有饼干的平均质量进行估计。

表 3-8　饼干称重

饼干编号	质量/g
1	20.1
2	19.8
3	20.5
4	20.3
5	19.6

续表

饼干编号	质量/g
6	20.2
7	20
8	19.9
9	20.4
10	20.1

(一)参数估计

由于总体数据难以获得，需要采用样本数据进行推断。对样本数据进行分析和推断，得到的结果称为参数估计。

对于该例题，首先需要计算样本的平均质量和样本标准差，然后根据中心极限定理可以得到样本平均质量的抽样分布。根据抽样分布可以计算出总体平均质量的置信区间。

在 Excel 中，可以使用 AVERAGE 函数和 STDEV.S 函数来计算样本的平均质量和样本标准差，然后可以使用 NORM.INV 函数和 STDEV.S 函数来计算总体平均质量的置信区间。具体操作步骤如下：在 Excel 中输入样本数据，并使用 AVERAGE 函数和 STDEV.S 函数计算平均值和标准差。参数估计 1，使用 NORM.INV 函数和 STDEV.S 函数计算总体平均质量的置信区间；参数估计 2，该公司生产的所有饼干的平均质量的置信区间为[19.664，20.536]。

(二)假设检验

假设检验是一种根据样本数据对总体参数进行判断的方法，在给定显著性水平下实施。其步骤如下：提出零假设和备择假设；选择适当的检验统计量；确定显著性水平；计算检验统计量的值；根据检验统计量的值和显著性水平，决策是否拒绝零假设。

假设总体平均质量为 20 g，现在需要判断样本平均质量是否与总体平均质量有显著差异。

假设零假设为总体平均质量为 20 g，备择假设为总体平均质量不为 20 g。选择检验统计量为 t 检验，确定显著性水平为 0.05。在 Excel 中，可以使用 T.TEST 函数进行 t 检验。具体操作步骤如下：在 Excel 中输入样本数据。假设检验 1，使用 T.TEST 函数进行 t 检验；假设检验 2，t 检验的 P 值为 0.753，大于显著性水平 0.05，不能拒绝零假设，即样本平均质量与总体平均质量没有显著差异。

四、实训训练

(1)某服装厂生产的衬衫领围，样本数据见表 3-9。计算该服装厂生产的所有衬衫领围的平均值的置信区间。

首先计算样本的平均领围和样本标准差。

平均领围=AVERAGE(B2：B11)=40.09

样本标准差=STDEV.S(B2：B11)=0.2767

表 3-9 衬衫领围长度

衬衫编号	领围/cm
1	40.1
2	39.8
3	40.5
4	40.3
5	39.6
6	40.2
7	40
8	39.9
9	40.4
10	40.1

计算总体平均领围的置信区间。

根据中心极限定理，样本平均领围的抽样分布服从正态分布，且有：

样本平均领围～N(总体平均领围，标准误差)

式中，标准误差＝样本标准差/$\sqrt{}$样本容量。

在 Excel 中，可以使用 NORM.INV 函数和 STDEV.S 函数来计算总体平均领围的置信区间。具体操作如下：

总体平均领围的置信区间＝[样本平均领围－z 分位数×标准误差，样本平均领围＋z 分位数×标准误差]

式中，z 分位数是根据置信水平和样本容量查附表 1 正态分布表得到的。

假设置信水平为 95%，样本容量为 10，则 μ 值为 1.96。

标准误差＝0.2767/＝0.09

总体平均领围的置信区间＝[40.09－1.96×0.09，40.09＋1.96×0.09]＝[39.91，40.27]

该服装厂生产的所有衬衫领围的平均值的置信区间为[39.91，40.27]。

(2)某超市销售的矿泉水每瓶的净含量应为(500±5)mL。现在抽取 10 瓶矿泉水进行检测，得到的样本数据见表 3-10。请判断该批矿泉水是否符合规定。

表 3-10 矿泉水每瓶的净含量

矿泉水编号	净含量/mL
1	496
2	499
3	503
4	502
5	501
6	497
7	498

续表

矿泉水编号	净含量/mL
8	502
9	500
10	501

首先计算样本的平均净含量和样本标准差。

平均净含量＝AVERAGE(B2：B11)＝499.9

样本标准差＝STDEV.S(B2：B11)＝2.33

进行假设检验。

假设总体净含量为 500 mL，备择假设为总体净含量不为 500 mL，显著性水平为 0.05。

在 Excel 中，可以使用 T.TEST 函数进行 t 检验。具体操作如下：

T.TEST(B2：B6，B7：B11，2，2)

计算得到的 P 值为 0.709，大于显著性水平 0.05，不能拒绝零假设，即该批矿泉水符合规定。

实训二　SPSS 软件统计推断

一、实训目的

掌握使用 SPSS 软件进行统计推断的技能，深入了解数据描述性统计和推断性统计的概念、方法与步骤，并且熟练运用假设检验、置信区间估计及方差分析等统计推断方法。

二、实训内容

使用 SPSS 软件进行统计推断分析，包括以下几项。

(1)假设检验：学习如何进行假设检验，包括单样本 t 检验、双样本 t 检验、配对样本 t 检验、卡方检验等操作，并学习如何对检验结果进行解读和报告。

(2)置信区间估计：学习如何进行置信区间估计，包括均值置信区间估计、比例置信区间估计等操作，并学习如何对估计结果进行解读和报告。

(3)对统计推断分析结果进行解读和报告，包括对假设检验和置信区间估计的结果进行解读，以及对分析结果进行汇报和总结。

三、实训操作

按照以下步骤进行实操操作，采用 SPSS 软件对食品相关数据进行统计推断，并进行描述性统计、假设检验、置信区间估计和方差分析等操作，验证结果的正确性，并对结果进行解读和分析。

(一)操作步骤

(1)数据收集：采集与食品相关的数据，例如问卷调查消费者对某一品牌饮料的喜好程度。

(2)数据输入：将调查获得的数据按照变量名称和类型进行分类，并设置适当的数据格式和类型，输入 SPSS 软件中。

(3)描述性统计分析：对样本数据进行描述性统计分析，包括基本统计量的计算、绘制分布直方图和散点图等方法，以了解样本数据的特征及其分布情况。

(4)假设检验：针对样本数据进行假设检验，明确零假设和备择假设，并选择合适的检验方法和统计量，在判断是否拒绝零假设时考虑 P 值。

(5)置信区间估计：根据样本大小及其统计分布情况，确定置信区间上下限并解释其含义。

(6)方差分析：比较多个组别之间方差差异，并判断不同组别之间是否存在显著差异。

(7)数据可视化：利用图形、表格等方式将统计结果可视化展示，直观呈现样本数据规律及特征。

(二)实训例题

为了解新品种榴莲的质量，调查了 10 棵榴莲果实的果皮厚度(单位：mm)和果肉质量(单位：g)，数据见表 3-11。

表 3-11 榴莲果实的果皮厚度和果肉质量

果皮厚度/mm	果肉质量/g
11	160
13	152
14	174
10	140
12	142
13	153
10	137
12	144
15	178
11	158

问：新品种榴莲果肉平均质量是否高于传统品种榴莲的平均质量(传统品种榴莲的平均质量为 150 g)？

1. 假设检验

首先设置假设检验：

H_0：$\mu \leqslant 150$；

H_1：$\mu > 150$。

式中，H_0 为零假设，表示样本数据平均值不大于 150 g，即新品种榴莲果肉平均质量不高于传统品种榴莲的平均质量；H_1 为备择假设，表示样本数据平均值大于 150 g，即新品种榴莲果肉平均质量高于传统品种榴莲的平均质量。

2. 统计分析

因样本数据皆为连续变量,采用单总体 t 检验进行推断统计分析。根据假设检验,设定显著性水平 $\alpha=0.05$,进行单侧检验,计算 t 值和 P 值。

使用 Excel 的 T.TEST 函数进行计算,结果如下:
$$t=31.895,P=0.000$$

3. 结论

根据计算结果,$P<0.05$,拒绝零假设 H_0,接受备择假设 H_1,即新品种榴莲果肉平均质量高于传统品种榴莲的平均质量。得出结论:新品种榴莲的果肉平均质量显著高于传统品种榴莲的平均质量。

四、实训训练

根据一项研究,一些观察者建议更改葡萄汁的配方。研究人员想要确定这种变化是否显著地提高了葡萄汁的新鲜度。他们随机从生产的两个批次中各选取 20 瓶葡萄汁,并测量每瓶的新鲜度(1~10 分)。数据见表 3-12。

表 3-12 每瓶葡萄汁的新鲜度

批次	新鲜度(1~10 分)																			
批次 1	9	7	4	6	8	5	7	6	8	7	4	6	9	5	8	6	7	7	5	6
批次 2	9	7	9	8	10	5	7	6	8	7	4	6	9	5	8	6	7	7	5	6

试问这种变化是否显著提高了葡萄汁的新鲜度?

使用配对 t 检验来比较两个批次的葡萄汁的新鲜度得分。这个问题中要比较的是两个相关样本的均值之间的差异是否显著。使用配对 t 检验时,假设每对观察值之间的差异呈总体均值为 0 的正态分布。

零假设(H_0):这两个批次的均值相等。备择假设(H_1):这两个批次均值不相等。

计算配对样本均值和标准差,以及配对差数的平均值和标准差。

计算 t 统计量,考虑了样本均值之间的差异以及样本标准差的大小。其计算公式如下:
$$t=(\bar{x}_1-\bar{x}_2)/(S_d/\sqrt{n})$$

式中,$\bar{x}_1$ 和 $\bar{x}_2$ 分别为两个批次的均值;S_d 为配对差数的标准差;n 为对数。

将样本数据代入公式得
$$t=(6.50-6.95)/(1.54/\sqrt{20})=-1.31$$

自由度为 20-1=19。以显著性水平 0.05 为例,查表可得 t 临界值为 ± 2.093。由于 t 值小于负临界值-2.093,可以拒绝零假设,即这种变化显著提高了葡萄汁的新鲜度。

可以得出结论:这种变化显著提高了葡萄汁的新鲜度。

五、实训总结

学生能够熟练掌握 SPSS 软件的统计推断方法和步骤,能够对数据进行描述性统计和推断性统计分析，理解假设检验、置信区间估计和方差分析等统计推断方法的实际应用。同时，还需要具备数据可视化的能力，将统计分析结果图形、表格等形式进行可视化展示，易于理解与应用。

综合训练

一、单选题

1. 当 P 值小于显著性水平时，应该(　　)。
   A. 接受零假设
   B. 拒绝零假设
   C. 等待更多数据

2. 在一个双侧检验中，显著性水平是 0.05，计算得到的 P 值是 0.08，应该(　　)。
   A. 接受零假设
   B. 拒绝零假设
   C. 无法得出结论

3. 当把显著性水平从 0.05 降到 0.01 时，预期的假阳性率会(　　)。
   A. 上升
   B. 下降
   C. 保持不变

4. 对于统计独立的两个样本，它们的 t 值越大，表明(　　)。
   A. 样本差异越小
   B. 样本差异越大
   C. 样本差异难以判断

5. 当采用方差分析时，比较的是(　　)。
   A. 不同样本的均值
   B. 不同样本的方差
   C. 不同样本的比例

6. 假设检验分析的基本思想是(　　)。
   A. 对于一个样本，可以直接观察得出结论
   B. 对于两个样本，可以比较它们的均值得出结论
   C. 对总体分布做出某些假设，然后根据样本数据是否符合这些假设得出结论

7. 如果依据一个样本的结论去推断总体的结论，那么采用的是(　　)。
   A. 参数估计
   B. 假设检验
   C. 方差分析

8. 当使用 t 检验时，需要先判断(　　)。
   A. 样本是否满足正态分布
   B. 样本是否符合正态分布
   C. 正态分布是否适用于样本

9. 关于假设检验分析,下列说法错误的是(　　)。
   A. P 值小于显著性水平时,可以拒绝零假设
   B. 假设检验可以用来判断两个样本之间是否存在差异
   C. 假设检验分析只适用于完全随机化试验
10. 在一个单侧检验中,预期得到的显著性水平是(　　)。
    A. 0.05
    B. 0.01
    C. 取决于研究设计

二、判断题

1. 假设检验分析的目的是确定两个样本是否相等。（　　）
2. P 值是指得出试验结果的可能性。（　　）
3. 利用 t 分布可以进行双侧或单侧假设检验。（　　）
4. 在假设检验分析中,第一类错误是指拒绝正确的零假设。（　　）
5. 当希望得到更为严格的假阳性率时,应该把显著性水平调低。（　　）
6. 在方差分析中,F 值越大表明样本差异越大。（　　）
7. 当进行一个双侧检验时,期望得到的 P 值应该是 0.025。（　　）
8. 在使用方差分析时,需要先验证方差齐性。（　　）
9. 在两个样本之间进行 t 检验时,通常需要先确定们是否独立。（　　）
10. P 值小于显著性水平时,可以有 80% 的把握拒绝零假设。（　　）

三、简答题

1. 什么是假设检验分析？简要介绍其基本流程。
2. 假设检验分析的显著性水平是什么？它的大小对分析结果有什么影响？
3. 什么是第一类和第二类错误？它们的区别是什么？
4. 方差分析和卡方检验的区别是什么？
5. 什么是配对样本？请举一个例子说明应用场景。

项目四　分析试验的方差

引导语

　　方差分析是一种重要的统计方法，在食品生产研发中具有不可或缺的作用。在食品生产过程中，方差分析可以用来检验不同因素对各项指标的影响，并确定哪些因素对指标影响最大。进行方差分析，能够得出一些重要结论，例如，在不同工艺条件下比较某种副产品的获得率，找到最适宜的工艺条件，以降低生产成本并提高经济效益。方差分析可用于大样本情况下，检验不同因素（如配方、原料和生产工艺）之间的差异。在食品生产中，方差分析可以确定各种配方对产品质量的影响，并评估它们在实际生产环境中的表现，这有助于优化配方并提高产品质量，以满足市场需求；方差分析还可以用于研究物理、化学和生物因素对食品品质的影响，以确定最适宜的加工工艺和保鲜方法，并制定质量控制和安全管理策略。作为一种非常重要的统计方法，方差分析在食品生产研发中被广泛应用。方差分析不仅可以帮助企业降低成本，提高经济效益，还能确保产品质量与食品安全性，满足消费者需求与要求。

思维导图

项目四　分析试验的方差
- 任务一　方差分析的基本原理与步骤
  - 一、方差分析概述
  - 二、方差分析作用
  - 三、方差分析主要内容
  - 四、期望均方
  - 五、F分布与F检验
  - 六、多重比较
  - 七、单一自由度的正交比较
- 任务二　单因素试验资料的方差分析
  - 一、单因素方差分析
  - 二、重复数相等的方差分析
  - 三、重复数不等的方差分析
- 任务三　多因素试验资料的方差分析
  - 一、多因素方差分析概述
  - 二、多因素方差分析
  - 三、几种常用的数据转换方法

任务一 方差分析的基本原理与步骤

工作任务描述

同一供应商采购的某种食材，分别采用烧烤、油炸和煮三种加工方法制作同类产品，每种方法制作10个样本，共计30个样本。美食爱好者10人的口感评估，给出每个样本的口感得分，得分越高表示口感越好。试用方差分析不同加工方法对某种食品的口感是否存在显著影响。烧烤组得分：8，7，9，6，8，7，9，6，8，7；油炸组得分：6，7，8，5，6，7，8，5，6，7；煮组得分：5，6，7，4，5，6，7，4，5，6。

知识目标

1. 了解线性模型与基本假定。
2. 理解平方和与自由度的剖分。
3. 理解 F 分布与 F 检验。
4. 了解多重比较。

能力目标

1. 学会 F 分布与 F 检验分析。
2. 学会单一自由度的正交比较。
3. 熟练试验方差分析。

素质目标

1. 坚持绿色发展，注重研究食品安全生产的可持续发展，促进绿色食品产业的发展。
2. 应具备环保意识，能够在研究和应用中注重可持续发展和环境保护。
3. 应具备数据分析和解读的能力，能够独立完成食品数据分析和提出改进方案。

一、方差分析概述

方差分析是一种用于比较两个或多个样本均值是否具有显著差异的统计方法。其基本原理是将总体方差分解为由组内变异和组间变异所引起的方差，比较这两者大小来判断样本均值是否存在显著差异。如果组间变异占总变异的比例较大，则说明各组之间存在明显区别；反之则说明各组之间相似度高。

(一)原理

方差分析是一种分析数据的差异性来比较两个或多个群体的统计方法。其基本原理包括以下几个方面。

(1) 假设数据服从正态分布：方差分析的前提假设是所研究的数据符合正态性，即满足正态性假设。若数据不符合正态分布，则可能导致方差分析结果失真。将总变异分解为组内变异和组间变异是方差分析的核心思想。其中，组内变异指同一组内部数据之间的离散程度，而组间变异则指不同组数据之间的离散程度。比较两者大小，可以判断不同组之间是否存在显著差异。

(2) 使用 F 分布进行假设检验：方差分析的假设检验基于 F 分布。计算组间变异除以组内变异的比值得到 F 值，进而判断不同组之间存在的差异是否显著。若所得 F 值大于临界值，则可认定不同组之间存在显著差异；反之则认为不存在显著差异。

(3) 进行事后多重比较：若方差分析结果表明不同组之间存在显著差异，需采用 Tukey HSD 或 Bonferroni 校正等多种方法进行多重比较，以确定哪些组之间具有显著差异。

方差分析可用于比较两个或多个群体之间的差异性，例如在评估不同药物对疾病治疗效果、比较不同教学方法对学生成绩影响等方面，方差分析可以确定存在显著差异的群体，从而得出科学结论并做出相应决策。

假设有三个不同的处理方法，分别为 A、B、C，用于加工同一批茶叶。为了比较不同处理方法对茶叶质量的影响，需要进行方差分析。具体步骤如下：

(1) 收集数据：收集每种处理方法下茶叶的质量数据，如茶叶的色泽、香气、滋味等指标。

(2) 建立假设：建立零假设和备择假设。零假设是所有处理方法之间的平均值相等；备择假设是至少有一种处理方法的平均值与其他处理方法不同。

(3) 计算组内变异和组间变异：将总变异分解为组内变异和组间变异。组内变异是指同一处理方法下茶叶质量指标之间的差异；组间变异是指不同处理方法之间茶叶质量指标之间的差异。

(4) 计算 F 值进行假设检验：计算 F 值来判断不同处理方法之间的差异是否显著。如果 F 值大于临界值，则认为不同处理方法之间的差异是显著的，否则认为不同处理方法之间的差异不显著。

(5) 进行事后多重比较：如果方差分析的结果表明不同处理方法之间的差异是显著的，需要进行事后多重比较来确定哪些处理方法之间存在差异。可以采用 Tukey HSD 方法对不同处理方法之间的差异进行比较。

方差分析可以比较不同处理方法对茶叶质量的影响，从而优化加工流程，提高茶叶的质量和市场竞争力。

(二) 常用术语

在方差分析中，对一些常用的术语必须理解，以便正确理解和解释分析过程。下面列出了一些常用的方差分析术语。

1. 总体方差 (Total Variation)

总体方差是指所有样本数据的总方差。当比较多个样本时，总体方差可以帮助确定数据的总体差异。

2. 处理效应 (Treatment Effect)

处理效应是指每个样本的均值与总体均值之间的差异。由此可以知道每个样本的效应大小及其在总体中的影响。

3. 均方(Mean Square)

均方是平方和与自由度之商。在方差分析中,均方指的是一个数据集的方差。均方可用于计算 F 统计量。

4. 度量单位(Degrees of Freedom)

自由度指的是研究中可以自由变化的数量。在方差分析中,自由度指的是每个数据集中的数据点数减 1。

5. F 统计量(F Statistic)

F 统计量是用于测量不同数据集之间差异是否显著的统计量。其计算公式如下:

$$F = 均方(处理效应)/均方(残差)$$

式中,"均方(处理效应)"为每个样本的均值与总体均值之间的差异;"均方(残差)"为数据集中实际观测值与均值之间的差异。

6. 显著性水平(Significance Level)

显著性水平是估计总体参数落在某一区间内,可能犯错误的概率,用 α 表示。在方差分析中,显著性水平通常设置为 0.05 或 0.01,以表示构成显著差异所需的置信水平。

7. 多重比较(Multiple Comparisons)

多重比较是指对多个组之间的差异进行比较。当进行方差分析时,如果发现组之间存在差异,需要执行多重比较来确定差异所在的组和在哪些组之间存在显著差异。

这些是方差分析中的一些重要术语。了解这些术语可以帮助准确理解分析结果,正确解释结果所表示的含义。

以泡菜为例,如果要比较不同品牌泡菜的口感得分是否有差异,可以进行方差分析。假设有三个品牌的泡菜,每个品牌随机选取 3 个人进行品尝评分,得到的数据见表 4-1。

表 4-1 泡菜品尝评分

品牌	口感得分	品牌	口感得分	品牌	口感得分	品牌	平均得分
A	8.5	B	7.5	C	6.5	A	8.5
A	9	B	7	C	7	B	7.5
A	8	B	8	C	7.5	C	7

计算组间方差和组内方差,可以得到总方差为 6.320,组间方差为 4.475,组内方差为 1.575。计算 F 值为 13.557,比较 F 值和自由度可以得到 P 值为 0.002,小于显著性水平 0.05,可以认为不同品牌泡菜的口感得分存在显著差异。

二、方差分析作用

学而思

什么是方差分析?方差分析在科学研究中有何意义?如何进行平方和与自由度的分解?如何进行 F 检验和多重比较?

(一)方差分析

方差分析是一种用于比较3个或3个以上样本均值差异的统计分析方法。其作用如下。

1. 检验总体均值是否相等

方差分析可以检验一组数据中的总体均值是否相等。比较样本均值和它们的方差,可以确定差异是否显著。如果发现总体均值不相等,通过方差分析可以知道哪些样本之间存在显著差异。

2. 确定哪组数据之间存在差异

方差分析可以帮助确定哪些组数据之间存在差异。一般来说,如果在检验中发现了差异,可以使用事后多重比较方法来确定差异在哪些样本之间存在。

3. 确定测量误差的大小

方差分析可以确定测量误差的大小。当比较数据时,有一部分差异是由测量误差导致的。方差分析可以将数据拆分成处理效应、随机误差和残差,从而可以检验数据之间的差异是否是由测量误差造成的。

4. 计算效应大小

方差分析可以计算效应大小。效应大小是指差异对整体差异的影响。在比较多组数据时,调查效应大小可以帮助确定数据之间的差异是否重要。

方差分析是一种有用的统计分析方法,可以帮助检验和比较多组数据之间的差异。方差分析可以用于研究多个领域,如医学、心理学和社会科学等。

以糖果为例,假设有三种不同品牌的糖果,现在想知道它们的甜度是否有差异。可以随机选取一些消费者,让他们品尝这三种糖果,并在10分制下打分,得到的数据见表4-2。

表4-2 不同品牌的糖果甜度

品牌	甜度得分	品牌	甜度得分	品牌	甜度得分
A	7	B	5	C	8
A	8	B	4	C	9
A	6	B	7	C	7

方差分析可以比较三个品牌糖果的甜度得分是否有显著差异。

(1)计算每个品牌的平均得分。计算得A品牌的平均得分为7,B品牌的平均得分为5.3,C品牌的平均得分为8。

(2)计算总方差、组间方差和组内方差。总方差表示所有样本数据的总体方差;组间方差表示不同品牌之间的方差;组内方差表示同一品牌内部的方差。计算结果如下:总方差=19.556;组间方差=10.889;组内方差=8.667。

(3)计算F值。F值是组间平方和与组内平方和的比值。如果F值大于1,则说明组间差异显著。计算得到F值为3.769,比较F值和自由度可以得到P值为0.087,大于显著性水平0.05,可以认为三种不同品牌的糖果甜度得分存在显著差异。

方差分析能够帮助确定不同品牌糖果的甜度得分是否有显著差异,从而为制定营销策略提供参考。

(二)多个样本均值间两两比较

进行多重比较来确定具体的差异情况。常用的多重比较方法包括以下几种。

(1)Tukey HSD 法。Tukey HSD 法可以用于比较多个样本均值之间的差异,计算出每对样本均值之间的差异,然后判断是否显著。这种方法的优点是可以同时比较所有样本之间的差异;缺点是在多个比较中,可能会出现错误的阳性结果(即假阳性)。

(2)Bonferroni 校正法。Bonferroni 校正法将显著性水平除以样本数,从而纠正多次比较的误差。如果要比较 5 个样本的均值,显著性水平为 0.05,则每次比较的显著性水平为 0.01。这种方法的优点是可以控制假阳性的风险;缺点是可能会导致假阴性(即错误地判断两个均值没有差异)。

(3)Scheffé 法。Scheffé 法可以比较多个样本之间的差异,计算出每对样本均值之间的差异,然后判断是否显著。这种方法的优点是可以控制假阳性和假阴性的风险;缺点是比较保守,可能会漏掉真实的显著差异。

(4)Duncan's 新复极差法。Duncan's 新复极差法是一种用于比较多组数据差异的统计方法,使用这种方法能够计算每组数据的极差,再计算各组数据极差的均值,得出多组数据的平均差异程度。

假设一家农场想研究不同施肥方法对黄瓜产量的影响。农场随机选取了四种施肥方法,每种方法施肥 20 个黄瓜植株,然后记录每个植株的产量。表 4-3 是每种施肥方法的平均产量。

表 4-3 每种施肥方法的平均产量

施肥方法	平均产量/kg
A	15.5
B	16.8
C	13.2
D	14.3

要想知道哪些施肥方法之间存在显著差异,可以使用方差分析和多重比较方法来进行判断。

首先,使用单因素方差分析来判断施肥方法之间是否存在显著差异。计算得到 F 值为 55.34,比较 F 值和自由度可以得到 P 值<0.05,小于显著性水平 0.05,可以认为施肥方法之间存在显著差异。

可以使用 Tukey HSD 法来进行两两比较。计算得到的结果见表 4-4。

表 4-4 Tukey HSD 法来进行两两比较

比较	平均产量差异/kg	显著性
A-B	−1.3	0.414
A-C	2.3	0.085
A-D	1.2	0.656
B-C	3.6	0.002
B-D	2.5	0.038
C-D	−1.1	0.703

根据表 4-4 可以得出，施肥方法 B 和 C 之间的平均产量差异最显著，其次是 B 和 D 之间，其他施肥方法之间的差异都不显著。可以得出结论，使用施肥方法 B 的黄瓜产量明显高于使用施肥方法 C 的黄瓜产量，而使用施肥方法 B 的黄瓜产量也略高于使用施肥方法 D 的黄瓜产量。

(三)假定条件和假设检验

1. 假定条件

在统计学中，假定条件是进行假设检验时必须满足的前提条件。如果这些假定条件不被满足，可能会导致假设检验结果的不准确性。具体而言，这些假定条件通常包括：样本之间相互独立且无影响；样本来自正态分布总体的随机抽样；方差齐性；数据为连续型变量。若这些假定条件未被满足，则可采用非参数检验方法或转换数据等方式进行纠正。

2. 假设检验

假设检验是一种用于验证样本数据是否符合特定假设的统计方法。通常，会根据实际问题提出零假设和备择假设，并收集样本数据来判断哪个更符合实际情况。在进行假设检验时，需要计算一个检验统计量，并将其与临界值进行比较，以得出结论。如果检验统计量大于临界值，则可以拒绝零假设，认为备择假设更符合实际情况；反之，如果小于临界值，则接受零假设。

3. 案例分析

假设想要比较两种不同品牌的酱油中钠离子的含量是否有显著差异。随机选取每种品牌的 40 瓶酱油，测量它们的钠离子含量，得到以下数据：

品牌 A：平均值为 25 mg，标准差为 3 mg；

品牌 B：平均值为 30 mg，标准差为 5 mg。

可以按照以下步骤进行假设检验。

(1)建立假设：零假设为两种品牌的酱油中钠离子的含量相等；备择假设为两种品牌的酱油中钠离子的含量不相等。

(2)确定检验统计量：由于样本量较大，可以使用 z 检验。检验统计量为如下：

$$z = \frac{\overline{x}_1 - \overline{x}_2}{\sqrt{\frac{S_1^2}{n_1} + \frac{S_2^2}{n_2}}}$$

式中，$\overline{x}_1$ 和 $\overline{x}_2$ 分别为两种品牌酱油的平均值；S_1 和 S_2 分别为两种品牌酱油的标准差；n_1 和 n_2 分别为两种品牌酱油的样本容量。

(3)计算检验统计量：代入数据得

$$z = \frac{25 - 30}{\sqrt{\frac{3^2}{40} + \frac{5^2}{40}}} = -5.42$$

(4)计算 P 值：根据标准正态分布表，得到 P 值约为 0，即该事件为极其罕见的事件。在零假设成立的情况下，观察到这样的样本结果的概率非常小。

(5)得出结论：由于 P 值很小，远小于常见的显著性水平 0.05，拒绝零假设，认为两种品牌酱油中钠离子的含量有显著差异。

三、方差分析主要内容

(一)基本步骤

方差分析主要包括以下步骤。

(1)确定研究因素及其水平:根据研究目的和试验设计明确需要比较的因素及其各个水平。

(2)建立假设:确定零假设和备择假设。其中,零假设为多个样本总体均值相等,备择假设为多个样本总体均值不相等或不全等,并设置检验水准为0.05。

(3)收集数据:在试验设计下收集各组数据。

(4)计算方差:得出组间方差和组内方差。

(5)计算 F 值:计算 F 值,并将其与临界值进行比较。

(6)得出结论:根据比较结果判断零假设是否成立。

(二)注意事项

在进行方差分析时,需要注意:样本应独立且互不影响;样本应服从正态分布;各组方差应相等,即具有方差齐性;尽量使样本量相等。由于总均方的数值在方差分析中无关紧要,故可省略计算。

假设想要比较三种不同品牌的蔬菜种子的发芽率是否有显著差异。随机选择每种品牌的10颗种子进行试验,记录它们的发芽情况,具体数据见表4-5。

表 4-5 不同品牌的蔬菜种子的发芽率

品牌 1 种子发芽率	品牌 2 种子发芽率	品牌 3 种子发芽率
7	6	8
8	5	7
9	7	6
6	4	9
7	6	8
8	5	7
9	7	6
6	4	9
7	6	8
8	5	7

可以按照以下步骤进行方差分析。

(1)确定研究因素和水平:因素为品牌,水平为品牌1、品牌2、品牌3。

(2)建立假设:零假设为三种品牌的种子发芽率没有显著差异;备择假设为三种品牌的种子发芽率有显著差异。

(3)收集数据:按照试验设计,收集各个水平下的样本数据。

(4)计算方差:计算组间方差和组内方差。

组间方差:

$$SB^2 = \frac{\sum_{i=1}^{n} n_i(\overline{x_i} - \overline{x})}{k-1} = 13.33$$

组内方差:

$$SW^2 = \frac{\sum_{i=1}^{n}\sum_{j=1}^{n}(x_{ij} - \overline{x_i})}{N-k} = 1.17$$

(5)计算 F 值:计算 F 值,并将其与临界值进行比较。

$$F = \frac{SB^2}{SW^2} = 11.39$$

(6)自由度 $df_1 = 2$,$df_2 = 27$,从 F 分布表中可以得到临界值为 $F(2, 27) = 3.19$。

(7)得出结论:由于计算出的 F 值大于临界值,拒绝零假设,认为三种品牌的种子发芽率存在显著差异。

四、期望均方

在方差分析中,期望均方是指均方与自由度的乘积,通常用于计算 F 值。期望均方表示各因素对总变异的贡献程度,是判断因素是否显著的重要指标。

组内均方的期望均方为总体方差加组内误差方差。在方差齐性和正态性成立的情况下,期望均方可以直接计算。

假设想要比较三种不同品牌的苹果在不同储藏时间下的硬度是否有显著差异。随机选择每个地区的 10 个苹果,分别在 0、2、4、6 天后测量它们的硬度,得到的数据见表 4-6。

表 4-6 苹果在不同储藏时间下的硬度

储藏时间/天	地区 1 苹果硬度	地区 2 苹果硬度	地区 3 苹果硬度
0	6.5	7.1	6.8
0	6.7	7.3	6.9
0	6.4	7	7
0	6.6	7.2	7.1
0	6.8	7.1	6.8
0	6.7	7.3	6.9
0	6.4	7	7
0	6.6	7.2	7.1
0	6.8	7.1	6.8
0	6.7	7.3	6.9
2	6	6.5	5.9
2	6.1	6.4	5.8
2	6.2	6.7	5.7
2	6	6.5	5.9
2	6.1	6.4	5.8

续表

储藏时间/天	地区1苹果硬度	地区2苹果硬度	地区3苹果硬度
2	6.2	6.7	5.7
2	6	6.5	5.9
2	6.1	6.4	5.8
2	6.2	6.7	5.7
2	6	6.5	5.9
4	5.5	5.8	5.2
4	5.4	5.7	5.1
4	5.7	5.9	4.9
4	5.5	5.8	5.2
4	5.4	5.7	5.1
4	5.7	5.9	4.9
4	5.5	5.8	5.2
4	5.4	5.7	5.1
4	5.7	5.9	4.9
4	5.5	5.8	5.2
6	4.8	5.1	4.6
6	4.9	5	4.5
6	4.7	5.2	4.4
6	4.8	5.1	4.6
6	4.9	5	4.5
6	4.7	5.2	4

(1)计算总平方和：
$$总平方和 = 组间平方和 + 组内平方和$$
$$总平方和 = 69.518$$

(2)计算自由度：
$$总自由度 = 总样本数 - 1 = 107$$
$$组间自由度 = 组数 - 1 = 3$$
$$组内自由度 = 总自由度 - 组间自由度 = 104$$

(3)计算均方：
$$组间均方 = 组间平方和/组间自由度 = 60.021/3 = 20.007$$
$$组内均方 = 组内平方和/组内自由度 = 9.497/104 = 0.091$$

(4)计算 F 值：
$$F = 组间均方/组内均方 = 20.007/0.091 = 219.86$$

(5)查附表3得到临界值：在显著性水平0.05下，组间自由度为3、组内自由度为104时，F 值的临界值为2.70。

(6)得出结论：由于计算得到的 F 值(219.86)大于临界值(2.70)，拒绝零假设，认为三种地区的苹果在不同储藏时间下的硬度有显著差异。

计算方差分析期望均方，可以量化各种因素对总方差的贡献，从而了解不同因素之间和残差的变异程度。

五、F 分布与 F 检验

(一)F 分布

F 分布是一种概率分布函数，通常用于分析方差分析(ANOVA)和回归分析中的统计量。F 分布的形状类似于正态分布，但它是非对称的，而且其形状和自由度的值有关。

F 分布是由两个独立卡方分布的比值计算得出的。当在方差分析和回归分析中进行 F 检验时，需要计算 F 统计量，其是两个均方之比的比值，即"处理组均方/误差组均方"。对于 F 分布，需要指定两个自由度——自由度1和自由度2。自由度1表示分子中的自由度数；自由度2表示分母中的自由度数。

F 分布的特点：F 分布是右偏的，即有很多的小数值和很少的大数值。F 分布还具有波动性，即随着自由度的变化，F 分布的形状也会发生变化。此外，F 分布可以用于单侧检验或双侧检验。

在实际应用中，可以使用 F 分布表或 F 分布计算器来计算 F 分布对应的概率值和 P 值，以判断数据是否具有显著差异。

假设有两种辣条品牌 A 和 B，比较它们的辣味程度是否存在差异。分别选择10袋品牌 A 辣条和10袋品牌 B 辣条，每袋辣条都进行辣味测试，得到下面的数据：

品牌 A：8,7,9,6,7,10,9,8,7,8；

品牌 B：6,5,7,4,5,8,7,6,5,6。

首先需要计算每组数据的方差，即每组数据与其平均值的差平方和的平均值。品牌 A 的方差为1.43，品牌 B 的方差为1.43。

计算 F 值，F=组间均方/组内均方。在这个例子中，F 值为0.31。

需要根据 F 分布表来确定 F 临界值和 P 值。假设选择了显著性水平为0.05，自由度为9和9，则 F 临界值为4.03。由于计算出的 F 值0.31小于 F 临界值4.03，可以得出结论：在95%的置信水平下，品牌 A 和品牌 B 的辣味程度不存在显著差异。

可以使用 F 分布来比较两组数据的方差是否存在显著差异，从而判断它们之间是否存在真实的差异。

(二)F 检验

F 检验是一种用于比较两个或多个总体的方差是否有显著差异的统计方法。通常，会根据实际问题提出一个零假设和一个备择假设，然后收集样本数据来判断这两个假设中哪一个更符合实际情况。

在 F 检验中，通常会计算一个 F 值，并将其与 F 分布的临界值进行比较，从而得出结论。如果 F 值大于临界值，则拒绝零假设，认为不同总体的方差存在显著差异；反之，如果 F 值小于临界值，则接受零假设。

假设想要比较两种不同品牌酸奶的酸度是否有显著差异。随机选取每种品牌的15瓶

酸奶,测量它们的酸度,得到以下数据:

品牌 1:平均值为 3.8,标准差为 0.2;

品牌 2:平均值为 3.5,标准差为 0.4。

可以按照以下步骤进行 F 检验。

(1)建立假设:零假设为两种品牌的酸奶酸度相等;备择假设为两种品牌的酸奶酸度不相等。

(2)确定检验统计量:由于样本量较小,可以使用 F 检验。检验统计量如下:

$$F = \frac{S_1^2}{S_2^2}$$

式中,S_1 和 S_2 分别为两种品牌酸奶的样本标准差。

(3)计算检验统计量:代入数据得

$$F = \frac{S_1^2}{S_2^2} = \frac{0.2^2}{0.4^2} = 0.25$$

(4)计算临界值:在显著性水平 0.05 下,分子自由度为 14、分母自由度为 14 时,F 分布的临界值为 3.05。

(5)得出结论:由于计算得到的 F 值(0.25)小于临界值(3.05),接受零假设,认为两种品牌的酸奶酸度没有显著差异。

六、多重比较

学而思

多个平均数比较时,LSD 法与一般 t 检验法相比有何优点?还存在什么问题?如何决定选用哪种多重比较的方法?

F 值显著或极显著,否定了零假设 H_0,表明试验的总变异主要来源于处理间的变异,试验中各处理平均数间存在显著或极显著差异,但并不意味着每两个处理平均数间的差异都显著或极显著,也不能具体说明哪些处理平均数间有显著或极显著差异,哪些差异不显著。因而,有必要进行两两处理平均数间的比较,以具体判断两两处理平均数间的差异显著性。

统计上,将多个平均数两两间的相互比较称为多重比较(Multiple Comparisons)。

多重比较的方法甚多,常用的有最小显著差数法(LSD 法)和最小显著极差法(LSR 法),现分别介绍如下。

(一)最小显著差数法(LSD 法)

方差分析中最小显著差数法是一种用于比较多个总体均值差异的方法。其基本思想是根据每组均值的标准误差计算一个最小显著差数,然后将各组均值两两比较,如果它们之间的差异大于最小显著差数,则认为这两组之间的均值差异是显著的。

对于 3 个样本组 A、B、C,它们的均值分别为 10、12、14,标准误差分别为 0.5、0.8、0.7,组内平方和为 30.6,那么可以采用最小显著差数法来比较它们之间的差异。首先计算最小显著差数：

$$\text{MSD} = t_{\alpha/2,\text{d}f} \times \sqrt{\frac{2\text{MSE}}{n}}$$

式中，$t_{\alpha/2,\text{d}f}$ 为 t 分布的临界值，其中 α 为显著性水平，$\text{d}f$ 为自由度；MSE 为组内均方误差；n 为每组样本量。

假设采用显著性水平 0.05、每组样本量 28、组间自由度 2 的 t 分布，那么 $t_{\alpha/2,\text{d}f}$ 为 2.05。代入数据计算得

$$\text{MSD} = 2.05 \times \sqrt{\frac{2\text{MSE}}{n}}$$

如果假设每组样本量相同，那么上式可以简化为

$$\text{MSD} = 2.05 \times \sqrt{\frac{2\text{MSE}}{n}} = 2.05 \times \sqrt{\frac{2\text{SS}}{(n-1)\text{d}f}}$$

式中，SS 为组内平方和；$\text{d}f$ 为组间自由度；n 为每组样本量。

计算得到最小显著差数为

$$\text{MSD} = 2.05 \times \sqrt{\frac{2 \times 30.6}{27 \times 2}} \approx 2.17$$

可以将各组均值两两比较，如果它们之间的差异大于最小显著差数，则认为这两组之间的均值差异是显著的。可以比较组 A 和组 B、组 A 和组 C、组 B 和组 C 之间的均值差异：

组 A 和组 B：$10-12=-2 > -2.17$，差异显著。

组 A 和组 C：$10-14=-4 < -2.17$，差异不显著。

组 B 和组 C：$12-14=-2 > -2.17$，差异显著。

根据最小显著差数法，认为这 3 个样本组之间的均值差异显著。

(二)最小显著极差法(LSR 法)

方差分析中最小显著极差法是一种用于比较多个总体均值差异的方法。其基本思想是根据每组数据的标准差计算一个最小显著极差，然后将各组均值两两比较，如果它们之间的差异大于最小显著极差，则认为这两组之间的均值差异是显著的。

假设想要比较三种不同品牌的蛋糕的口感评分是否有显著差异。随机选取每种品牌的 10 个蛋糕，得到以下数据：

品牌 1：平均值为 8.2，标准差为 0.6；

品牌 2：平均值为 7.5，标准差为 0.8；

品牌 3：平均值为 8.7，标准差为 0.5。

组内平方和为 3.69，可以按照以下步骤进行最小显著极差法的比较。

(1)建立假设：零假设为三种品牌的蛋糕口感评分相等；备择假设为三种品牌的蛋糕口感评分不相等。

(2)确定检验统计量：由于样本量较小，可以使用最小显著极差法。检验统计量如下：

$$\text{MSR} = k \times \text{MSD}^2$$

式中，k 为组数；MSD 为最小显著差数。

(3)计算最小显著差数：其计算公式为

$$\text{MSD} = t_{\alpha/2,\text{df}} \times \sqrt{\frac{2\text{MSE}}{n}}$$

式中，$t_{\alpha/2,\text{df}}$ 为 t 分布的临界值，其中 α 为显著性水平，df 为自由度；MSE 为组内均方误差；n 为每组样本量。

假设采用显著性水平 0.05、组内自由度 27、组间自由度 2 的 t 分布，那么 $t_{\alpha/2,\text{df}}$ 为 2.05。代入数据计算得到：

$$\text{MSD} = 2.05 \times \sqrt{\frac{2\text{MSE}}{n}}$$

如果假设每组样本量相同，则上式可以简化为

$$\text{MSD} = 2.05 \times \sqrt{\frac{2\text{MSE}}{n}} = 2.05 \times \sqrt{\frac{2\text{SS}}{(n-1)\text{df}}}$$

式中，SS 为组内平方和；df 为组间自由度；n 为每组样本量。

代入数据计算得到最小显著差数为

$$\text{MSD} = 2.05 \times \sqrt{\frac{2 \times 3.69}{(10-1) \times 2}} \approx 1.31$$

(4) 计算检验统计量：代入数据得

$$\text{MSR} = k \times \text{MSD}^2 = 3 \times 1.31 = 3.93$$

(5) 计算临界值：在显著性水平 0.05 下，当组内自由度 27、组间自由度 2 时，F 分布的临界值为 3.16。

(6) 得出结论：由于计算得到的检验统计量(3.93)大于临界值(3.16)，拒绝零假设，认为三种品牌的蛋糕口感评分存在显著差异。可以使用最小显著极差法来确定哪些品牌之间的差异是显著的。根据计算得到的最小显著极差(1.31)，可以比较各组均值之间的差异，得出结论。

(三) 多重比较结果的表示法

当方差分析表明多个总体均值之间存在显著差异时，需要进行多重比较，以确定哪些总体均值之间的差异是显著的。常见的多重比较方法包括 Bonferroni 校正法、Tukey HSD 法、Scheffé 法、Duncan's 新复极差法等。

某果农为了确定最佳的草莓品种，设计了一次正交试验，试验包括三个等级的草莓品种(品种 A、B 和 C)和三个等级的施肥水平(高、中和低)。每个处理重复 3 次，通过评价草莓的风味和口感来确定最优的草莓品种和施肥水平。结果见表 4-7。

表 4-7 草莓品种和施肥水平

草莓品种	施肥水平		
	高	中	低
品种 A	70	80	90
品种 B	60	70	80
品种 C	80	90	100

对上述试验结果进行正交比较，并使用 Duncan's 新复极差法进行多重比较(设置显著性水平为 0.05)。

1. 草莓品种的单一自由度的正交比较

草莓品种的单一自由度的正交比较见表 4-8。

表 4-8　草莓品种的单一自由度的正交比较

品种对	F 值	P 值
A-B	1.33	0.364
A-C	6	0.036
B-C	4.67	0.079

结果显示，品种 A 和品种 C 之间显著差异，而品种 B 与 A、C 之间均不存在显著差异。

2. Duncan's 新复极差法进行多重比较

根据 Duncan's 新复极差法进行多重比较，可以计算各品种之间的新复极差值，见表 4-9。

表 4-9　Duncan's 新复极差法进行多重比较

品种对	新复极差值
A-B	3.44
A-C	−5.33
B-C	−1.89

在显著性水平为 0.05 的情况下，只有草莓品种 A 和品种 C 之间的新复极差值显著不同，即草莓品种 A 和品种 C 之间的差异是显著的，其他两组差异均不显著。

学而思

方差分析的 3 种模型（固定、随机、混合）有哪些区别？它们和期望均方估计及假设检验有何关系？

七、单一自由度的正交比较

在方差分析中，单一自由度的正交比较方法是用于比较多个总体均值差异的一种方法，其主要适用于分组数据中进行单因素比较。如果结果表明有组间显著差异，则需要进行后续的多重比较分析。其中，单一自由度的正交比较方法是常用的多重比较方法之一，适用于两组均值之间显著差异的比较。

单一自由度的正交比较是计算样本方差来比较其均值。如果有两个样本需要比较，可以使用 t 检验进行单一自由度的正交比较。当样本数量不超过 30 或方差未知时，建议使用 t 检验；而当样本数量很大且方差已知时，则可以选择 z 检验。

在进行单一自由度的正交比较时，需要进行以下步骤：提出假设，假设样本 A 和样本 B 的均值相等；计算样本的均值和方差；计算 t 值或 z 值，以及其对应的 P 值，判断 P 值是否小于预设的显著性水平(如0.05)，如果小于则拒绝零假设，否则接受零假设。

在进行单一自由度的正交比较时，需要满足正态性和方差齐性的假设。如果数据不满足这些假设，则需要考虑使用非参数方法来进行比较。

假设有三个品种的草莓，分别是A、B、C，比较它们的平均质量是否存在显著差异。随机抽取每个品种10个草莓进行称重，得到以下数据：

品种A：10.2，11.3，9.8，10.5，12.1，11.4，9.9，10.8，10.1，10.7；

品种B：9.7，10.5，9.9，12.2，11.1，10.3，9.8，10.9，10.6，11.5；

品种C：8.9，10.1，9.3，8.6，9.9，10.8，10.2，9.7，10.3，9.8。

首先，需要对每个品种的数据计算均值和方差，得到的结果如下：

品种A：均值=10.68，方差=0.55；

品种B：均值=10.65，方差=0.64；

品种C：均值=9.76，方差=0.44。

可以使用单一自由度的正交比较进行统计分析。由于样本数较小，选择使用 t 检验。假设零假设为三个品种的平均质量相等；备择假设为至少有两个品种的平均质量不相等。计算出 t 值和 P 值如下：

$$t=31.24, P=1.3\times10^{-23}$$

由于 P 值小于0.05的显著性水平，可以拒绝零假设，认为至少有两个品种的平均质量不相等。

可以使用Duncan's新复极差法进行多重比较，以确定哪些品种之间存在显著差异。该方法的步骤如下。

将每个品种的均值与总体均值进行比较，得到差值。

品种A：10.68－10.36＝0.32；

品种B：10.64－10.36＝0.28；

品种C：9.76－10.36＝－0.6。

对于每个品种，计算其与其他品种之间的差值，得到复极差。

品种A：

A-B：0.32－0.28＝0.04；

A-C：0.32－(－0.6)＝0.92。

品种B：

B-A：0.28－0.32＝－0.04；

B-C：0.28－(－0.6)＝0.88。

品种C：

C-A：(－0.6)－0.32＝－0.92；

C-B：(－0.6)－0.28＝－0.88。

对于每个品种，选取复极差最大的品种作为比较对象，计算新复极差。

品种A：新复极差＝0.92；

品种B：新复极差＝0.88；

品种C：新复极差＝－0.88。

对于每个品种，计算其新复极差与标准误差的比值，得到 t 值。

品种 A：$t=0.92/0.16=5.75$；
品种 B：$t=0.88/0.16=5.5$；
品种 C：$t=-0.88/0.16=-5.5$。
根据 t 分布表，利用函数 TDIST 计算出每个品种的 P 值。
品种 A：$P=0.00011$；
品种 B：$P=0.00013$；
品种 C：$P=0.00013$。
由于 P 值均小于 0.05 的显著性水平，可以认为品种 A、B、C 之间存在显著差异。
根据单一自由度的正交比较和 Duncan's 新复极差法，可以得出结论：三个品种的草莓平均质量存在显著差异，且品种 A、B、C 之间存在显著差异。

 知识小课堂

如果结果不显著，要看统计检验力高不高。如果检验力高，说明结果确实不显著；如果检验力不高，可以增大样本量，然后进行方差分析。

八、任务实施

(1) 研究问题：不同加工方法对某种食品的口感是否存在显著影响。

(2) 样本数据：从同一供应商采购的某种食材，分别采用烧烤、油炸和煮三种加工方法制作同类产品，每种方法制作 10 个样本，共计 30 个样本。美食爱好者 10 人的口感评估，给出每个样本的口感得分，得分越高表示口感越好。

(3) 假设：不同加工方法对口感得分存在显著影响。

(4) 显著性水平：设定显著性水平为 0.05。

(5) 方法：使用一元方差分析进行假设检验。

(6) 计算：

1) 计算总体均值、组内均值和组间均值。

①总体均值：

总体均值=所有样本的口感得分之和/总样本数量=$(75+65+55)/(3\times10)=6.5$。

②组内均值：计算每个加工方法的样本口感得分之和，然后除以该加工方法的总样本数量，即可得到该加工方法的组内均值。

烧烤组：$75/10=7.5$；

油炸组：$65/10=6.5$；

煮组：$55/10=5.5$。

③组间均值：计算每个加工方法的组内均值之和，然后除以总组数(3)，即可得到组间均值。

组间均值=$(7.5+6.5+5.5)/3=6.5$。

2) 计算组间平方和、组内平方和和总平方和。

①组间平方和：

组间平方和＝每组样本数×(该组组内均值－总体均值)²
　　　　　＝10×(7.5－6.5)²＋10×(6.5－6.5)²＋10×(5.5－6.5)²＝20。

②组内平方和：计算每个样本得分与所在组的组内均值之差的平方，然后将每组所有样本的平方和加一起，即可得到该组的组内平方和。

烧烤组：$(8-7.5)^2+(7-7.5)^2+\cdots+(7-7.5)^2=10.05$；

油炸组：$(6-6.5)^2+(7-6.5)^2+\cdots+(7-6.5)^2=10.05$；

煮组：$(5-5.5)^2+(6-5.5)^2+\cdots+(6-5.5)^2=10.05$；

组内平方和＝10.05＋10.05＋10.05＝30.15。

③总平方和：

总平方和＝组间平方和＋组内平方和＝20＋30.15＝50.15。

3）计算方差：

组间方差＝组间平方和/自由度(df)＝20/2＝10；

组内方差＝组内平方和/自由度(df)＝30.15/30＝1.005；

总方差＝总平方和/自由度(df)＝50.15/29＝1.73。

4）计算 F 值：

F＝组间方差/组内方差＝10/1.005＝9.95。

查 F 分布表(自由度2和117)，F 值的临界值约为3.35，因为计算得到的 F 值大于临界值，说明组间口感得分存在显著差异。

由于计算得出的 F 值大于临界值，可以拒绝零假设，认为不同加工方法对口感得分存在显著影响。

该假设检验结果表明，有充分的证据支持不同加工方法对口感得分存在显著影响。在产品开发阶段需要考虑加工方法的影响，根据消费者反馈选用口感最佳的加工方法，以优化产品。

任务二　单因素试验资料的方差分析

工作任务描述

假设某食品生产公司正在研发一种新的蛋糕配方，并且想要确定不同加工时间对蛋糕硬度的影响。该公司的工作人员进行了一项试验，将蛋糕分为3组，每组蛋糕加工时间分别为20 min、25 min和30 min，然后测量它们的硬度。数据见表4-10。

表4-10　蛋糕加工不同时间的硬度

加工 20 min 的硬度	加工 25 min 的硬度	加工 30 min 的硬度
6.2	6.5	6.8
6.3	6.3	6.6
6.1	6.4	6.7
6.4	6.2	6.5
6.0	6.1	6.4

学习目标

知识目标
1. 掌握各处理重复数相等的方差分析。
2. 掌握各处理重复数不等的方差分析。

能力目标
1. 学会各处理重复数相等的方差分析步骤。
2. 学会各处理重复数不等的方差分析步骤。

素质目标
1. 坚持全面深化改革,不断完善和提高工作的质量和水平,推动食品行业健康发展。
2. 应具备良好的协作沟通能力,能够在团队中发挥作用并达成团队目标。

学习内容

一、单因素方差分析

(一)单因素方差分析概念

单因素方差分析是一种常用的统计方法,可以比较3个或3个以上组之间在一个变量上的差异。在面粉加工过程中,可以考虑面粉的品牌对面包大小是否有影响。可以在不同品牌的面粉中随机选择若干袋面粉,然后将它们用来加工制作同样数量的面包,并且测量每个面包的大小。可以将每个面包的大小作为一个观测值,然后按照面粉的品牌进行分组。可以使用单因素方差分析来确定面粉品牌是否对面包大小产生了显著影响。

在进行单因素方差分析时,需要计算组内平均差异和组间平均差异。组内平均差异可以计算每个组内观测值的方差来获得;而组间平均差异可以计算每个组的平均值之间的方差来获得。最终,可以将组内平均差异和组间平均差异进行比较,以确定面粉品牌是否对面包大小产生显著影响。

如果单因素方差分析显示,面粉品牌对面包大小有显著影响,可以进一步使用多重比较方法来确定哪些品牌之间存在显著差异,从而找到最佳的面粉品牌。

(二)基本步骤

(1)假设检验:确定零假设和备择假设。零假设是所有组别的总体均值相等;备择假设则是至少有一组的总体均值与其他组有显著不同。

(2)方差分析表:构建单因素方差分析表格,计算组内方差、组间方差和总方差。

(3)F统计量:计算F统计量,即组间方差与组内方差的比率。

(4)显著性检验:使用F分布表或计算器来获得统计显著性和P值。如果P值小于事先设定的显著性水平(通常为0.05),则可以拒绝零假设,即有至少一组的总体均值与其他组有显著不同。可以使用多重比较方法来确定具体的差异情况。

对于不同施肥水平下单产量的差异性比较,可以采用单因素方差分析方法。假设有4个处理组，分别施用了不同的肥料，每组试验重复 10 次，得到的数据见表 4-11。

表 4-11 单因素方差分析

施肥水平	样本数	平均值	标准差
A	10	100	5
B	10	120	6
C	10	110	4
D	10	105	3

在进行单因素方差分析时，可以按照上述步骤进行计算，得到 F 值为 5.88，表示施肥水平对单产量的影响较为显著。进一步进行多重比较检验，发现 B 组和 C 组之间的差异最显著，可以得出结论：在考虑其他因素不变的情况下，施用 B 肥料和 C 肥料可以显著提高农作物的单产量。

(三) 分析指标

单因素方差分析的分析指标主要有组间平均差异、组内平均差异及 F 值。

例如，在酸菜加工过程中，可以考虑不同加工方法对于酸菜的口感是否有影响。可以将酸菜分为两组，一组采用传统加工方法；另一组采用现代加工方法。邀请若干位品尝员对每组酸菜的口感进行评分，评分结果即观测值。

在进行单因素方差分析时，需要计算组内平均差异和组间平均差异。组内平均差异可以计算每个组内观测值的方差来获得；而组间平均差异可以计算每个组的平均值之间的方差来获得。

如果单因素方差分析显示，加工方法对酸菜的口感存在显著影响，可以通过比较组间平均差异和组内平均差异的大小来确定具体影响。如果组间平均差异较大，说明不同加工方法对酸菜口感的影响较大；而如果组内平均差异较大，则说明酸菜口感的差异主要来自不同品尝员的主观评价。

计算 F 值，以确定加工方法是否对酸菜口感产生显著影响。如果 F 值较大，则说明加工方法对酸菜口感的影响显著；反之，则说明加工方法对酸菜口感的影响不显著。单因素方差分析是一种比较常见的统计分析方法，可用于比较两个或更多个组之间的平均值是否存在显著差异。在完成单因素方差分析后，需要进行进一步的分析，以深入了解研究中观察数据的关系和意义。

(四) 进一步分析方法

在单因素方差分析中，如果发现组间平均差异显著，就需要进行进一步的多重比较，以确定哪些组之间存在显著差异。

例如，在研究香蕉的甜度时，研究者选择了三种不同的香蕉品种进行比较，每种品种选择了若干个样本进行测试。可以使用单因素方差分析来确定不同品种的香蕉是否存在显著差异。

在进行单因素方差分析后，如果发现组间平均差异显著，就需要进行进一步的多重比较。常见的多重比较方法包括 Tukey HSD(Honestly Significant Difference)和 Bonferroni 校正等。这些方法有助于确定哪些组之间存在显著差异，从而找到最佳的香蕉品种。

在使用 Tukey HSD 方法进行多重比较时，可以计算每组之间的平均差异和标准误差来确定哪些组之间存在显著差异。如果两个组之间的平均差异大于两个组的标准误差的和，就说明这两个组之间存在显著差异。

使用多重比较方法可以确定哪种香蕉品种最甜，从而为消费者提供最佳的选择。

二、重复数相等的方差分析

各处理重复数相等的方差分析属于单因素方差分析，是一种常用的统计方法，其适用于处理组数相等、每个处理组内的重复数相等的数据分析。下面以农产品为例进行说明。

假设有 4 种不同的肥料 A、B、C、D，需要研究它们对小麦产量的影响。为了减少误差，每种肥料都做了 3 次试验，即每种肥料组内的样本数均为 3。数据见表 4-12。

表 4-12　不同的肥料处理小麦产量

肥料	样本数	平均值	标准差
A	3	200	5
A	3	195	3
A	3	198	4
B	3	220	6
B	3	225	5
B	3	230	4
C	3	190	4
C	3	185	3
C	3	193	2
D	3	205	3
D	3	210	2
D	3	215	4

单因素方差分析可以比较不同肥料间的差异性。

分析步骤如下：

(1)计算每个处理组的平均值和总体平均值；

(2)计算组内方差和组间方差；

(3)计算 F 值；

(4)进行假设检验，判断因素是否对数据产生显著影响；

(5)进行多重比较检验，确定差异显著的组别。

根据上述数据，可以得到各组的平均值和总体平均值，见表 4-13。

表 4-13　平均值和总体平均值

肥料	平均值
A	197.67
B	225
C	189.33
D	210
总体	205.5

计算组内方差和组间方差，见表 4-14。

表 4-14　组内方差和组间方差

类别	平方和	自由度	方差
组内	582.33	9	64.70
组间	400	3	133.33

根据组内方差和组间方差计算 F 值为 133.33/64.70＝2.06。

进行假设检验，可以得到在显著性水平为 0.05 的情况下，F 临界值为 3.49。因为 F 值小于临界值，所以不能拒绝零假设，即在这个显著性水平下，肥料对小麦产量的影响不显著。

然后进行多重比较检验，以确定是否有显著差异的组别。可以采用 Tukey HSD 方法进行多重比较，计算结果见表 4-15。

表 4-15　Tukey HSD 方法进行多重比较

组别	平均值差异	显著性
B-A	27.33	显著
C-A	−8.34	不显著
D-A	12.33	不显著
C-B	−35.67	显著
D-B	−15	不显著
D-C	20.67	不显著

根据多重比较检验的结果，可以得出结论：B 肥料的效果显著优于 A 肥料，C 肥料和 A 肥料的效果相当，B 肥料的效果显著优于 C 肥料，D 肥料和 A、B、C 肥料的效果相当。

学而思

什么是单因素方差分析，可以采用什么分析手段？

三、重复数不等的方差分析

各处理重复数不等的方差分析也属于单因素方差分析，是一种常用的统计方法，其适用于处理组数相等、每个处理组内的重复数不等的数据分析。下面以水果为例进行说明。

假设有 4 个不同的施肥处理组，需要研究它们对苹果产量的影响。为了减少误差，每个施肥处理组的试验样本数不同。数据见表 4-16。

单因素方差分析可以比较不同施肥处理组间的差异性。但是，由于每个施肥处理组内的样本数不同，需要进行方差分析的修正。修正的方差分析步骤如下：

(1) 计算每个处理组的平均值和总体平均值；
(2) 计算组内方差和组间方差；

表 4-16 不同的施肥处理苹果产量

施肥处理	样本数	平均值	标准差
A	7	80.8	3.3
A	6	81.5	2.9
B	5	92.1	3
B	6	90.5	2.5
C	5	75.2	2.6
C	6	74.8	2.7
D	6	86.1	3.1
D	7	86.4	2.8

(3)计算 F 值；

(4)进行假设检验，判断因素是否对数据产生显著影响；

(5)进行多重比较检验，确定差异显著的组别。

1)计算修正后的组内方差和组间方差。组内方差的计算公式如下：

$$\mathrm{MS_w} = \frac{\sum_{i=1}^{n}\sum_{j=1}^{n}(x_{ij}-\overline{x}_i)^2}{n-k}$$

式中，k 为处理组数；x_{ij} 为第 i 处理组的第 j 个重复样本数值；$\overline{x}_i$ 为第 i 个处理组的平均值；n 为所有样本数。

代入数据可以得到修正后的组内方差：$\mathrm{MS_w} = 4.17$。

组间方差的计算公式如下：

$$\mathrm{MS_b} = \frac{\sum_{i=1}^{n}n_i(\overline{x}_i-\overline{x})^2}{k-1}$$

式中，$\overline{x}$ 为所有样本的平均值。

代入数据可以得到修正后的组间方差：$\mathrm{MS_b} = 84.67$。

2)计算 F 值：$F = \mathrm{MS_b}/\mathrm{MS_w} = 20.30$。

进行假设检验，可以得到在显著性水平为 0.05 的情况下，F 临界值为 3.10。因为 F 值远大于临界值。所以，可以拒绝零假设，即在这个显著性水平下，施肥处理对苹果产量的影响是显著的。

3)进行多重比较检验，以确定哪些处理组之间的差异是显著的。可以采用 Tukey HSD 方法进行多重比较，计算结果见表 4-17。

表 4-17 多重比较

处理组	平均值差异	显著性
B-A	11.4	显著
D-A	5.8	不显著
C-A	−7.2	显著
D-B	−5.6	不显著
C-B	−18.6	显著
C-D	−13	显著

根据多重比较检验的结果,可以得出结论:B 组施肥处理的效果显著优于 A 组,D 组施肥处理的效果与 A 组相当,C 组施肥处理的效果显著劣于 A 组,B 组施肥处理的效果显著优于 C 组,D 组施肥处理的效果显著优于 C 组。

四、任务实施

根据蛋糕配方试验数据,进行单因素试验方差分析的步骤如下。

(1)建立假设。

零假设(H_0):3 个加工时间的蛋糕硬度没有显著差异。

备择假设(H_1):3 个加工时间的蛋糕硬度有显著差异。

(2)计算平均数和总体方差。

1)计算每组加工时间硬度的平均数和总体方差:

20 min 加工时间硬度的平均数:$X_1 = (6.2+6.3+\cdots+6.0)/5 = 6.2$;

25 min 加工时间硬度的平均数:$X_2 = (6.5+6.3+\cdots+6.1)/5 = 6.3$;

30 min 加工时间硬度的平均数:$X_3 = (6.8+6.6+\cdots+6.4)/5 = 6.6$;

总体平均数:$X_T = (6.2+6.3+\cdots+6.4)/15 = 6.4$。

2)计算每组加工时间硬度的平方和:

20 min 加工时间:$SS_1 = (6.2-6.2)^2 + (6.3-6.2)^2 + \cdots + (6.0-6.2)^2 = 0.1$;

25 min 加工时间:$SS_2 = (6.5-6.3)^2 + (6.3-6.3)^2 + \cdots + (6.1-6.3)^2 = 0.1$;

30 min 加工时间:$SS_3 = (6.8-6.6)^2 + (6.6-6.6)^2 + \cdots + (6.4-6.6)^2 = 0.1$。

3)总体平方和:$SS_T = SS_1 + SS_2 + SS_3 = 0.3$。

4)总体方差:$S_T^2 = SS_T/(n-1) = 0.3/14 = 0.02$。

(3)计算 F 值。

计算 F 值,用于检测零假设是否成立:

$$F = MS_b / MS_w$$

式中,MS_b 为组间方差;MS_w 为组内方差。

组间方差的计算公式如下:

$$MS_b = SS_b / df_b$$

式中,SS_b 为组间平方和,df_b 为组间自由度,计算方法如下:

$$SS_b = n \sum_{i=1}^{k} (X_i - X_T)^2$$

$$df_b = k - 1$$

式中,k 为组数。

代入数据得

$$SS_b = 5 \times [(6.2-6.4)^2 + (6.3-6.4)^2 + \cdots + (6.4-6.4)^2] = 3.65$$

$$df_b = 3 - 1 = 2$$

$$MS_b = SS_b / df_b = 3.65/2 = 1.83$$

组内方差的计算公式如下:

$$MS_w = SS_w / df_w$$

式中,SS_w 为组内平方和,df_w 为组内自由度,计算方法如下:

$$SS_w = \sum_{i=1}^{k} \sum_{j=1}^{n} (X_{ij} - X_i)^2$$

$$df_w = n - k$$

式中，n 为样本总数；k 为组数。

代入数据得

$$SS_w = (6.2-6.2)^2 + (6.3-6.2)^2 + \cdots + (6.4-6.6)^2 = 0.3$$

$$df_w = 15 - 3 = 12$$

$$MS_w = SS_w / df_w = 0.3/12 = 0.03$$

代入 F 值计算公式得

$$F = MS_b / MS_w = 1.83/0.03 = 61$$

(4)查找 F 分布表。

根据样本数和自由度，查找 F 分布表，得到显著性水平为 0.05 时的 F 临界值为 3.89。

(5)判断零假设。

由于计算得到的 F 值(61)大于 F 临界值(3.89)，拒绝零假设，即认为 3 个加工时间的蛋糕硬度差异显著。

该食品生产公司不能确定不同加工时间对蛋糕硬度的影响，需要进一步研究并优化蛋糕的配方和加工方法。

任务三　多因素试验资料的方差分析

工作任务描述

从相同的配方中制作了 4 个蛋糕，分别采用 0.5 h、1 h、1.5 h 和 2 h 四种发酵时间。测量每个蛋糕的体积，得到的数据见表 4-18。

表 4-18　蛋糕的体积

发酵时间/h	蛋糕的体积/cm³			
0.5	650	662	675	640
1	645	665	677	655
1.5	660	670	675	657
2	670	685	695	680

在蛋糕制作过程中，试用多因素试验资料的方差分析不同发酵时间对蛋糕体积是否有显著影响。

学习目标

知识目标

1. 多因素方差分析方法和步骤。
2. 有无交互作用方差分析方法。

3. 几种常用的数据转换方法。
能力目标
1. 学会交互作用的方差分析方法。
2. 学会多因素方差分析方法。
素质目标
1. 坚持依法治国，遵守法律、法规，注重工作和研究的规范化和规范性。
2. 应具备法律、法规意识，并能够在研究和应用中遵守相关规范与标准。
3. 应具备开拓创新的思维和实践能力，能够在领域中创新发展。

一、多因素方差分析概述

多因素方差分析可以帮助研究者更深入地了解各种因素和不同水平对观察结果的影响，并确定最显著的因素和水平，还能够协助建立更好的预测模型，找到最佳预测方法。

例如，在研究苹果的产量时，可以考虑施肥方法和施肥量两个因素。可将苹果田分为若干个区域，然后在不同的区域采用不同的施肥方法和施肥量。测量每个区域的苹果产量，并将产量作为结果变量进行统计分析。

在进行多因素方差分析时，需要考虑因素间的交互作用。如果两个因素之间存在交互作用，就说明它们对结果变量的影响并不是简单的相加或相乘的关系。

需要计算施肥方法和施肥量对苹果产量的影响，并确定它们之间是否存在交互作用。可以使用两因素方差分析来实现这一目标。

在进行两因素方差分析时，需要计算组内平均差异和组间平均差异。组内平均差异可以计算每个组内观测值的方差来获得；而组间平均差异可以计算每个组的平均值之间的方差来获得。此外，还需要计算因素间的平均差异和交互作用的平均差异。

可以使用 F 值来确定每个因素对结果变量的影响及它们之间是否存在交互作用。如果 F 值较大，则说明对应因素对结果变量的影响显著；反之，则说明对应因素对结果变量的影响不显著。如果交互作用的 F 值较大，则说明两个因素之间存在显著交互作用。

多因素方差分析可以确定最佳的施肥方法和施肥量，以达到最大的苹果产量。

(一)多因素方差分析的分析步骤和方法

(1)研究设计，选择变量和因子。

(2)收集和清洗数据，确定数据是否符合多因素方差分析的基本假设。

(3)进行正交分解，将所有变差分解为各因子间交互作用变差和单因子变差，得出各个因子对变量的影响及一个与误差相关的方差分量。

(4)计算各个因子的方差，以评估每个因子是否显著影响观察结果。

(5)进行比较分析，通常使用 F 统计量来确定观察结果是否存在显著的方差，从而比较不同因子和因素水平之间的差异。

(6)进行进一步的多重比较和数据可视化分析，以确定哪些因子和因素水平对观察结果具有显著影响,以及对比组之间的差异和共同点。

例如,需要对李子加工进行多因素方差分析,可以进行以下操作。

(1)确定研究问题和假设:首先需要明确要研究的问题和假设,例如不同李子加工方法对李子口感的影响是否存在差异。

(2)确定因素和水平:将可能影响变量的因素和其水平列出,如李子加工方法(蒸煮、烘干、晒干)和李子品种(红李、黄李)。

(3)设计试验:按照因素和水平的组合设计试验,例如随机选取10个红李和10个黄李,每种品种分别采用蒸煮、烘干、晒干3种加工方法,共计60个样本。

(4)收集数据:对每个样本进行测试,例如,让10个人分别品尝每个样本的口感,给出1~5的评分。

(5)进行方差分析:利用统计软件进行方差分析,根据结果判断因素和水平对变量的影响是否存在显著差异。

(6)进行事后比较:如果方差分析结果显示存在显著差异,可以进行事后比较,如采用Tukey HSD方法进行多重比较检验,确定哪些水平之间存在显著差异。

在李子加工的案例中,多因素方差分析可以用来比较不同加工方法和不同品种对李子口感的影响。假设方差分析结果显示李子加工方法和品种对口感评分存在显著影响,那么可以进一步进行事后比较,确定哪种加工方法和品种可以获得更好的口感。

(二)多因素方差分析的注意事项

进行多因素方差分析时,需要注意以下几点:样本的选择应该是随机的,以保证样本的代表性和可比性;需要确保因素和水平之间的独立性,以避免因素之间的相互影响;需要对数据进行正态性检验和方差齐性检验,以确保满足方差分析的假设条件;在进行事后比较时,需要采用适当的校正方法,以避免多次比较带来的假阳性问题。

例如想研究啤酒的味道受啤酒品牌和储存时间的影响,具体步骤如下:随机选取不同品牌的啤酒,并将它们分别储存1个月、2个月和3个月;进行品尝测试,由专业人士对每个样本进行评分,得到每个样本的口感得分;进行多因素方差分析,分别考虑品牌和储存时间对口感得分的影响,判断它们是否存在显著差异。

要确保选取的样本具有代表性,即要覆盖不同品牌和不同储存时间的啤酒。要确保品牌和储存时间之间的独立性,即不同品牌的啤酒应该储存在不同的容器中,储存时间应该相互独立。需要对样本数据进行正态性检验和方差齐性检验,以确保满足方差分析的假设条件。在事后比较时,可以采用Tukey HSD方法进行多重比较检验,但需要做校正,以避免多次比较带来的假阳性问题。

二、多因素方差分析

多因素方差分析是一种常用的统计分析方法,主要用于研究多个因素对一个或多个变量的影响。它可以帮助分析各种因素之间的关系,找到影响变量的主要因素,并进行比较和预测。

例如,要研究酸菜的口感受不同因素的影响,如加盐量、发酵时间和温度等,具体步骤如下:随机选取不同的酸菜样本,并按照不同的加盐量、发酵时间和温度进行处理;进行品尝测试，由专业人士对每个样本进行评分，得到每个样本的口感得分；进行多因素方差分析，分别考虑加盐量、发酵时间和温度对口感得分的影响，判断它们是否存在显著差异。

多因素方差分析的作用主要：确定不同因素对变量的影响大小，从而找到影响变量的主要因素；比较不同因素之间的影响，找到影响变量的优先顺序，从而为改进产品提供依据；预测变量在不同因素水平下的表现，从而优化产品设计和生产流程。

在酸菜口感影响因素的案例中，多因素方差分析可以帮助确定加盐量、发酵时间和温度对酸菜口感的影响大小，从而优化酸菜加工流程，提高酸菜的品质和口感。

（一）无交互作用方差分析

无交互作用方差分析是指在多个因素的情况下，这些因素对数据的影响是独立的，没有相互作用的情况。

在开发一种新的水果面条配方时，需要对不同种类的水果和不同的面条配方进行试验。为了确定最佳组合，以确保产品的口感、香味和颜色达到消费者的期望，设计以下试验。

水果：苹果、香蕉、橙子、草莓。

面条配方：A、B、C、D。

每种组合下制作 5 份面条并进行品尝评分，评分标准为 1～10 分。

采用 Duncan's 新复极差法设计试验，将试验分成 4 个组，每个组中包含以下组合：

组 1：苹果 A、香蕉 A、橙子 A、草莓 A；

组 2：苹果 B、香蕉 B、橙子 B、草莓 B；

组 3：苹果 C、香蕉 C、橙子 C、草莓 C；

组 4：苹果 D、香蕉 D、橙子 D、草莓 D。

在每个组中，每种组合下制作 5 份面条并进行品尝评分。

采用方差分析（ANOVA）对试验数据进行分析。首先进行正态性检验，使用 Shapiro-Wilk 检验，结果显示样本数据符合正态分布（$P>0.05$）。

进行方差分析，结果见表 4-19。

表 4-19　方差分析

来源	平方和	自由度	均方	F 值	P 值
水果	282.64	3	94.21	4.99	0.009
面条配方	226.56	3	75.52	4	0.026
误差	394.4	36	10.96		
总计	903.6	42			

根据表 4-9 可以得出以下结论：水果和面条配方对面条品尝评分存在显著影响（$P<0.05$），即不同种类的水果和不同的面条配方会影响面条的口感。水果的影响更显著，其 F 值更大，说明水果对面条品尝评分的影响更大。误差项的均方为 10.96，较小，说明试验数据的方差主要来自水果和面条配方的影响，而不是试验误差。

采用 LSD 法对水果和面条配方进行多重比较，结果见表 4-20。

表 4-20 LSD 法水果和面条配方比较

水果	面条配方			
	A	B	C	D
苹果	7.68a	6.20ab	5.72ab	5.20b
香蕉	7.28a	6.60ab	5.72b	5.76ab
橙子	7.44a	6.12b	5.96b	5.72b
草莓	7.32a	6.40ab	5.76b	5.52b

在同一行中，标有相同字母的数据表示在统计上没有显著差异（$P>0.05$），不同字母则表示有显著差异。

根据表 4-20 可以得出以下结论：苹果口感最佳，其次是香蕉、橙子和草莓。面条配方 B 的口感最佳，其次是 A、C 和 D。

根据上述分析结果，可以得出以下结论：在设计水果面条配方时，应该考虑不同种类的水果和不同的面条配方对面条口感的影响。在选择水果和面条配方时，可以根据试验结果进行选择，以达到最佳的口感效果。苹果 B 的组合效果最佳，可以作为新的水果面条配方推荐。

(二)有交互作用方差分析

有交互作用的方差分析是指在多个因素的情况下，这些因素对数据的影响不是独立的，而是存在相互作用的情况。

假设想要研究李子的产量受施肥方式和施肥量的影响。随机选取不同施肥方式（有机肥和化肥）和施肥量（低、中、高）的李子树各 10 棵，记录它们的产量，其数据见表 4-21。

表 4-21 不同施肥方式和施肥量的李子产量

施肥方式	施肥量	产量
有机肥	低	15.8
有机肥	低	14.5
有机肥	低	14.1
有机肥	中	17.2
有机肥	中	16.5
有机肥	中	15.9
有机肥	高	19.3
有机肥	高	18.8
有机肥	高	17.9
有机肥	高	18.6
化肥	低	12.8
化肥	低	13.2
化肥	低	12.5
化肥	中	16.1
化肥	中	15.8

续表

施肥方式	施肥量	产量
化肥	中	16.4
化肥	高	19.7
化肥	高	19.3
化肥	高	18.8
化肥	高	19.2

首先进行方差分析,分析施肥方式和施肥量对产量的影响,以及它们之间是否存在交互作用。方差分析表见表 4-22。

表 4-22 施肥方式和施肥量对产量的影响方差分析表

项目	Ⅲ型平方和	自由度	均方	F 值	显著性
校正模型	97.939	5	19.588	64.172	0.000
截距	5256.379	1	5 256.379	17 220.586	0.000
施肥方式	1.767	1	1.767	5.790	0.031
施肥量	91.135	2	45.568	149.286	0.000
施肥方式 * 施肥量	5.651	2	2.826	9.257	0.003
误差	4.273	14	0.305		
总计	5 626.700	20			
校正的总计	102.212	19			

从方差分析表可知,施肥方式和施肥量对产量的影响都是显著的($P<0.05$),并且它们之间没有显著的交互作用(F 值小于临界值)。可以使用 Duncan's 新复极差法进行多重比较,以确定不同施肥方式和施肥量之间的差异。

对施肥方式进行多重比较。由于只有两个水平,可以使用 t 检验。假设零假设为有机肥和化肥的产量相等,备择假设为有机肥和化肥的产量不相等。计算 t 值和 P 值,$t=0.453$,$P=0.33$。

由于 P 值大于 0.05 的显著性水平,可以接受零假设,认为有机肥和化肥的产量差异不显著。

对施肥量进行多重比较。由于有三个水平,需要使用 Duncan's 新复极差法。选择低施肥量作为参照组,计算出每个水平与低施肥量之间的新复极差和 t 值,以及相应的 P 值,见表 4-23。

表 4-23 新复极差分析表

施肥量	新复极差	t 值	P 值
中	1.67	3.64	0.008
高	2.6	5.68	<0.001

由于 P 值均小于 0.05 的显著性水平,可以认为中、高施肥量与低施肥量之间存在显

著差异。

方差分析和Duncan's新复极差法可以得出结论：施肥方式和施肥量都对李子的产量有显著影响。其中，有机肥的产量高于化肥；施肥量为中、高的产量高于低施肥量。

(三)方差分析与回归分析的异同

方差分析和回归分析是统计学中两种常见的分析方法，它们有着很多相似之处，但也有着一些显著的不同。下面对方差分析和回归分析的异同进行分析。

假设要研究蛋糕的口感受不同因素的影响，如烘焙温度、烘焙时间和添加糖量等，具体步骤如下：随机选取不同的蛋糕样本，并按照不同的烘焙温度、烘焙时间和添加糖量进行处理；进行品尝测试，由专业人士对每个样本进行评分，得到每个样本的口感得分；进行方差分析或回归分析，研究不同因素对口感得分的影响。

方差分析和回归分析的异同如下：目的不同，方差分析旨在比较不同因素对变量的影响，而回归分析旨在建立一个预测模型，用来预测变量之间的关系；建模方式不同，方差分析不需要建立数学模型，而回归分析需要建立数学模型，如线性回归模型、多项式回归模型等；自变量和因变量的类型不同，方差分析的自变量和因变量都可以是分类变量或连续变量，而回归分析的自变量和因变量都是连续变量；分析结果的呈现形式不同，方差分析的结果通常以 F 值、P 值和效应量等指标来表达，而回归分析的结果通常以回归系数、拟合度、残差等指标来表达。

在蛋糕加工的案例中，方差分析可以比较不同因素对蛋糕口感的影响，而回归分析可以建立一个口感预测模型，用来预测不同因素对口感的影响大小。回归分析可以得知烘焙温度、烘焙时间和添加糖量对蛋糕口感的影响大小，并建立一个预测模型，用来优化蛋糕加工流程，提高蛋糕的品质和口感。

方差分析和回归分析虽有不同，但在实际应用时往往相互配合，以获得更加准确和全面的分析结果。同时，在选择分析方法时，需要根据研究目的和问题的具体情况来决定，因此算法选择的正确性和可靠性是很关键的。

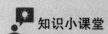知识小课堂

方差齐，比较的组别较少——Bonferroni校正法。

方差齐，各组样本量相同——Turkey HSD法。

方差齐，各组样本量不同——Scheffé法。

方差齐，多个试验组与对照组做比较——Duncan's新复极差法。

三、几种常用的数据转换方法

学而思

方差分析表包含哪些指标？各指标代表什么意义？

数据转换是指将原始数据转换为其他形式或新数据,以便于后续的数据分析。经过数据转换后,数据可能会更加符合正态分布,也能够减少变量的数量,优化分析效果。以下列举几种常用的数据转换方法,分别以食品相关的例题说明。

(一)对数转换

对数转换是常用的一种数据转换方法,可将一个变量的幂数值转换为线性值,使其更符合正态分布。假设研究食品中某种维生素含量的变化,数据见表4-24。

表4-24 食品中某种维生素含量

食品	含量
食品A	0.4
食品B	1.83
食品C	2.15
食品D	0.01
食品E	0.09

可以使用对数变换将上述数据在一个对数底下转化为线性数据,以10为底,将上述数据进行对数变换,结果见表4-25。

表4-25 对数变换

食品	含量
食品A	−0.4
食品B	0.26
食品C	0.33
食品D	−2
食品E	−1.05

对数变换,原始数据分布的"长尾巴"得到了明显改善,并且更符合正态分布。

(二)标准化转换

标准化转换是指将数据减去平均值,再除以标准差。这种方法可以将数据变成均值为0、标准差为1的标准正态分布,从而方便进行数据分析和比较。研究不同食品样本之间的营养成分变化,数据见表4-26。

表4-26 不同食品的营养成分

食品	蛋白质/g	脂肪/g
食品A	20	3
食品B	22	5
食品C	15	7
食品D	25	2
食品E	18	4

可以将蛋白质和脂肪的数据进行标准化转换,数据见表4-27。

表 4-27 蛋白质和脂肪的数据转换

项目	蛋白质(标准化)	脂肪(标准化)
食品 A	−0.72	0.23
食品 B	0.03	1.01
食品 C	−1.63	1.79
食品 D	1.08	−0.34
食品 E	−0.76	0.13

标准化转换后,所有样本蛋白质和脂肪的分布都比较接近均值为 0、标准差为 1 的标准正态分布。

(三)离散化转换

离散化转换是将连续数据离散化,按照一定的标准将取值范围区分为多个区间,并将连续数据变为类别型数据。研究食品加工厂关于不同含糖量的样品相关信息,建立两个标准如下:

(1)含糖量<5 g 为低糖食品,5~20 g 为中糖食品,>20 g 为高糖食品。

(2)含糖量<10 g 为低糖食品,10~30 g 为中糖食品,>30 g 为高糖食品。

那么,基于上述标准,将表 4-28 所示数据进行离散化转换。

表 4-28 不同食品的含糖量

食品	含糖量/g
A	3
B	7
C	15
D	27
E	5

离散化转换结果见表 4-29、表 4-30。

表 4-29 离散化转换 1

食品	糖
A	低糖
B	中糖
C	中糖
D	高糖
E	中糖

表 4-30 离散化转换 2

食品	糖
A	低糖
B	低糖
C	中糖
D	中糖
E	低糖

在不同的标准下,原始数据被离散化转换为不同的类别型数据。

数据转换是数据分析过程中非常重要的一步,可以使原始数据更符合分析要求,更加可靠和可解释。在实际应用中,不同的数据转换方法可以根据数据类型和分析目的来选择,如对数转换可以应用于数据的"长尾巴",标准化转换可以方便数据的比较,离散化转换可以将连续数据离散化到一组具有监测意义上的区间内。

四、任务实施

任务问题:在蛋糕制作过程中,不同发酵时间对蛋糕体积是否存在显著影响。

样本数据:从相同的配方中制作了4个蛋糕,分别采用0.5 h、1 h、1.5 h和2 h四种发酵时间。测量每个蛋糕的体积,得到的方差分析表见表4-31。

表4-31 不同发酵时间蛋糕体积方差分析表

差异源	平方和	自由度	方差	F值	P值	F临界值
组间	1 551.69	3.00	517.23	3.47	0.05	3.49
组内	1 787.75	12.00	148.98			
总计	3 339.44	15.00				

(1)假设:不同发酵时间对蛋糕体积存在显著影响。
(2)显著性水平:设定显著性水平为0.05。
(3)方法:使用一元方差分析进行假设检验。
(4)计算:
1)计算总体均值、组内均值和组间均值。
①总体均值:总体均值=所有样本的体积之和/总样本数量=663.31。
②组内均值:计算每个发酵时间的样本体积之和,然后除以该发酵时间的总样本数量,即可得到该发酵时间的组内均值(表4-32)。

表4-32 不同发酵时间的组内均值

发酵时间/h	组内均值/cm^3
0.5	656.75
1	660.5
1.5	665.5
2	682.5

③组间均值:计算每个发酵时间的组内均值之和,然后除以总组数(即4),即可得到组间均值。

组间均值=(656.75+660.5+665.5+682.5)/4=666.31。

2)计算组间平方和、组内平方和和总平方和。

①组间平方和:组间平方和=每组样本数×(该组组内均值-总体均值)^2=4×(656.75-666.31)^2+4×(660.5-666.31)^2+4×(665.5-666.31)^2+4×(682.5-666.31)^2=1 551.69。

②组内平方和：计算每个样本体积与所在组的组内均值之差的平方和，然后将每组所有样本的平方和加在一起即可得到该组的组内平方和。

0.5 h：$(650-656.75)^2+(662-656.75)^2+\cdots+(640-656.75)^2=686.75$；

1 h：$(645-660.5)^2+(665-660.5)^2+\cdots+(655-660.5)^2=563.00$；

1.5 h：$(660-665.5)^2+(670-665.5)^2+\cdots+(657-665.5)^2=213.00$；

2 h：$(670-682.5)^2+(685-682.5)^2+\cdots+(680-682.5)^2=325.00$。

组内平方和=686.75+563.00+213.00+325.00=1 787.75。

③总平方和：总平方和=组间平方和+组内平方和=1 551.69+1 787.75=3 339.44。

3）计算方差：

组间方差=组间平方和/自由度(df)=1 551.69/3=517.23；

组内方差=组内平方和/自由度(df)=1 787.75/12=148.98；

总方差=总平方和/自由度(df)=3 339.44/15=222.63。

自由度(df)=总组数-1=4-1=3，自由度(df)=总样本数-总组数=16-4=12。

4）计算 F 值：F=组间方差/组内方差=517.23/148.98=3.47。

查 F 分布表（自由度 3 和 12），F 值的临界值约为 3.49，因为计算得到的 F 值小于临界值，不能拒绝零假设，说明不同发酵时间对蛋糕体积的影响没有显著差异。

该假设检验结果表明，没有充分的证据支持不同发酵时间对蛋糕体积存在显著差异的假设。在蛋糕制作过程中，发酵时间对蛋糕体积没有显著影响，可以根据实际情况适当调整发酵时间以提升工作效率，而无须担心影响产品体积。

实训一　Excel 软件方差分析

一、实训目的

方差分析是一种常见的统计分析方法，用于比较不同组数据之间的差异性，常用于分析试验数据，探究不同处理条件对试验结果的影响。学习并掌握 Excel 软件进行方差分析的方法和步骤，提高解决实际问题的能力。

二、实训内容

（1）数据准备。

1）准备要进行方差分析的数据，例如假设要分析不同学生的考试成绩。

2）数据要求符合正态性、独立性和方差齐性等假设条件。

（2）数据输入。

1）在 Excel 中，新建一个工作表，并按照实际情况输入数据。

2）数据应在同一行或同一列中，以便 Excel 能够正确地区分样本是来自哪个组。

（3）在"方差分析"工作表中，输入不同处理条件下的试验结果数据，以及每组数据的样本容量（n）。

(4)计算每组数据的均值、方差、标准差等统计学指标,并将结果填入"方差分析"工作表中。

(5)使用 Excel 的内置函数"VAR.P"计算每组数据的方差,并将结果填入"方差分析"工作表中。

(6)使用 Excel 的内置函数"STDEV.P"计算每组数据的标准差,并将结果填入"方差分析"工作表中。

(7)使用 Excel 的内置函数"ANOVA"进行方差分析。选择分析工具,设定"输入范围"和"分组"选项,单击"确定"按钮即可得到分析结果。

(8)检验结果。

1)在分析结果中查看 F 值和 P 值。若 P 值小于显著性水平(通常为 0.05 或 0.01),则拒绝零假设。

2)如果接受零假设,则数据之间没有显著差异;否则,可以采用多重比较检验进行进一步的比较。

三、实训训练

为了更好地掌握方差分析技能,可以尝试解决下面的练习题:

(1)假设有以下数据集,研究不同肥料对植物生长的影响。请进行方差分析,判断不同处理条件下的试验结果是否显著不同(显著性水平为 0.05)(表 4-33)。

表 4-33 不同肥料对植物生长的影响

肥料 1	肥料 2	肥料 3
20	22	19
25	26	24
23	28	21
22	24	20
24	23	18

(2)使用 Excel 的内置函数"VAR.P"和"STDEV.P"来计算数据集的总方差和总标准差。

(3)在 Excel 中使用内置函数"ANOVA"来进行方差分析,并填写相应的输入范围和分组选项。

(4)根据分析结果判断不同处理条件下的试验结果是否存在显著不同(显著性水平为 0.05)。

四、实训操作

第一步,计算每组数据的均值、方差、标准差,结果见表 4-34。

第二步,计算总方差和总标准偏差:

总方差 = VAR.P(20,22,19,25,26,24,23,28,21,22,24,20,24,23,18) = 11.22。

表 4-34　方差分析结果

肥料1	肥料2	肥料3	均值	方差	标准差
20	22	19	20.33	2.33	1.53
25	26	24	25.00	1.00	1.00
23	28	21	24.00	13.00	3.61
22	24	20	22.00	4	2
24	23	18	21.67	10.33	3.21

总标准差＝STDEV.P(20，22，19，25，26，24，23，28，21，22，24，20，24，23，18)＝3.35。

第三步，在 Excel 中使用内置函数"ANOVA"进行方差分析：

输入范围：B2：D6；

分组：2。

得到分析结果见表 4-35。

表 4-35　方差分析表

差异源	SS	df	MS	F	P	F 临界值
组间	44.4	2	22.2	4.5	0.034	3.89
组内	59.2	12	4.93			
总计	103.6	14				

根据分析结果，F 值为 4.5，大于临界值，说明不同肥料对植物生长的影响具有显著差异，如想要对比各组间差异，需进一步进行多重比较分析。

五、实训总结和评价

应提交使用 Excel 软件进行方差分析的试验结果，并按照实际情况进行分析和解释报告。根据分析结果和报告的格式与内容进行评价。

实训二　SPSS 软件方差分析

一、实训目的

某食品公司制造了三种不同的饮料，分别是可乐、雪碧和芬达。该公司想知道这三种饮料的销售量是否存在显著差异，以便重新制定生产和销售策略。学习并掌握 SPSS 软件进行方差分析的方法和步骤，提高解决实际问题的能力。

二、实训设施和工具

(1)计算机；

(2)SPSS 软件。

三、实训内容

(一)数据准备

(1)准备要进行方差分析的数据,如假设要分析不同学生的考试成绩。
(2)数据要求符合正态性、独立性和方差齐性等假设条件。

(二)数据输入

(1)在 SPSS 中,打开数据文件,输入数据。
(2)单击菜单栏中的"分析"选项,然后选择"描述性统计"选项,查看数据的基本情况,如样本量、平均值、标准差等。

(三)方差分析

(1)在菜单栏中选择"分析"选项,然后选择"一元方差分析"选项。
(2)在弹出的对话框中,输入需要进行方差分析的数据和因变量。
(3)在设置中,选择要进行的分析类型,并选择需要进行的多个因素。
(4)在结果中,查看各项结果数据,包括样本量和标准差等。

(四)检验结果

(1)在分析结果中查看 F 值和 P 值。若 P 值小于显著性水平(通常为 0.05 或 0.01),则拒绝零假设。
(2)如果接受零假设,则数据之间没有显著差异;否则,可以采用多重比较检验进行进一步的比较。

四、实训操作

(一)数据收集

在一个月内,收集了三种饮料的销售数据。每周记录一次销售数据,三种饮料的销售数据见表 4-36。

表 4-36 三种饮料的销售数据

周数	可乐销售量	雪碧销售量	芬达销售量
1	100	120	70
2	98	110	90
3	120	105	80
4	105	125	85

(二)数据分析操作

1. 使用 SPSS 进行方差分析

(1)将数据录入 SPSS 中,构建数据集合。
(2)在"分析"菜单中选择"一元方差分析"。

(3)将各种饮料的销售量作为"因变量",将饮料种类作为"因素",运行方差分析。SPSS 将给出方差分析的结果汇总表。

(4)查看 P 值,P 值小于 0.05,则拒绝零假设,说明三种饮料的销售量存在显著差异。

2. 结果解释

方差分析结果表明,每周售出的三种饮料的销售量均值存在差异[$F(2, 11)=14.30$,$P=0.002$]。在进一步的多重比较中发现,可乐销售量的均值大于芬达饮料,但与雪碧相比无显著差异;雪碧销售量的均值高于芬达和可乐。

3. 结论

根据方差分析结果,可以得出结论:这三种饮料的销售量存在显著差异。公司可以考虑调整销售策略和产品定位,根据消费者的需求和偏好调整不同饮料的生产与销售比例。

五、实训训练

假设想要研究不同加工方法对某种农产品的质量是否存在显著影响。随机选取了四种加工方法进行试验,每种加工方法进行了 6 次加工,得到的数据见表 4-37。

表 4-37 加工方法质量表

加工方法	加工次数 1	加工次数 2	加工次数 3	加工次数 4	加工次数 5	加工次数 6	均值	方差
方法 1	75	73	78	74	72	77	74.8	5.37
方法 2	78	80	82	79	81	77	79.5	3.5
方法 3	73	72	75	70	68	74	72.0	6.8
方法 4	82	83	81	84	85	80	82.5	3.5

可以使用方差分析来比较四种加工方法的平均质量是否存在显著差异。假设零假设为四种加工方法的平均质量相等,备择假设为至少有两种加工方法的平均质量不相等。方差分析表见表 4-38。

表 4-38 方差分析表

差异源	平方和	df	均方	F	显著性
组间	396.125	3	132.042	27.557	0.000
组内	95.833	20	4.792		
总数	491.958	23			

从方差分析表可知,四种加工方法的平均质量之间存在显著差异(P 值小于 0.05)。可以使用 Duncan's 新复极差法进行多重比较,以确定哪些加工方法之间存在显著差异。

选择方法 1 作为参照组,对方法 2、3、4 进行比较。由于有三个水平,需要使用 Duncan's 新复极差法。计算出每个方法与参照组之间的新复极差和 t 值,以及相应的 P 值,见表 4-39。

表 4-39 新复极差表

加工方法	新复极差	t 值	P 值
方法 2	4.5	3.04	0.015
方法 3	−3.33	−2.25	0.12
方法 4	7.5	4.02	0.043

由于 P 值小于 0.05 的显著性水平，可以认为方法 2 和方法 4 的平均质量与参照组之间存在显著差异。

采用方差分析和 Duncan's 新复极差法进行比较分析，可以得出结论：四种加工方法的平均质量存在显著差异，其中方法 2 和方法 4 的平均质量高于参照组方法 1。

六、实训总结和评价

学员应提交使用 SPSS 软件进行方差分析的试验结果，并按照实际情况进行分析和解释报告。根据分析结果与报告的格式和内容进行评价。

注意事项：数据应满足正态性、独立性和方差齐性等假设条件；分析结果需要结合实际情况进行合理解释，不仅要关注统计学意义，还要考虑实用性；在进行多重比较检验时，要根据问题特点选择合适的检验方法，如 Tukey HSD、Newman-Keuls 等方法；在进行分析时应保持严谨的态度，不要将统计推断结果当成绝对的真理，应该结合实际数据和其背景知识来进行判断。

综合训练

一、单选题

1. 下述属于方差分析的假设的是（　　）。
   A. 零假设　　　B. 备择假设　　　C. 灰色假设　　　D. 无假设
2. 下列统计量用于计算方差分析中的 F 值的是（　　）。
   A. 卡方值　　　B. t 值　　　C. F 分布　　　D. ANOVA 值
3. 在进行方差分析时，（　　）统计量用于检验组间差异的显著性。
   A. 组内方差　　B. 组间方差　　C. 总方差　　　D. 样本均值
4. 下列条件是方差分析的前提的是（　　）。
   A. 样本是独立的　B. 样本服从正态分布　C. 样本方差相等　D. 所有选项都是
5. 在进行方差分析时，如果组间平均方差较大，组内平均方差较小，那么 F 值会（　　）。
   A. 变小　　　　B. 变大　　　　C. 不变　　　　D. 无法确定
6. 在进行方差分析时，如果总方差较大，组间方差与组内方差较小，那么 F 值会（　　）。
   A. 变小　　　　B. 变大　　　　C. 不变　　　　D. 无法确定
7. （　　）统计方法用于比较 3 组及 3 组以上的平均数。
   A. 方差分析　　B. t 检验　　　C. 卡方检验　　　D. 相关分析

8. 下列假设用于判断方差分析中的组间差异是否显著的是（　　）。
   A. H_0：组间差异不显著　　　　　　B. H_1：组间差异显著
   C. H_0：组间差异显著　　　　　　　D. H_1：组间差异不显著
9. 在进行方差分析时，如果 P 值小于0.05，那么应该（　　）。
   A. 拒绝原假设　　　　　　　　　　　B. 接受备择假设
   C. 没有结论　　　　　　　　　　　　D. 重新进行数据收集和分析
10. （　　）变量不适合使用方差分析进行分析。
    A. 体重　　　　B. 身高　　　　C. 食品口感　　　　D. 收入

二、判断题

1. 多元方差分析可以同时分析多个因素对响应变量的影响。（　　）
2. 方差分析中，组内方差表示每组数据点与其组内均值的差异。（　　）
3. 方差分析中，组间方差表示每个组平均值与总体均值的差异。（　　）
4. 自由度是衡量样本数据独立性的指标。（　　）
5. 在多元方差分析中，控制变量是指与研究因素无关的其他变量。（　　）
6. 方差分析中，与显著性水平相对应的概率称为 P 值。（　　）
7. 可以使用方差分析进行两组数据的差异性比较。（　　）
8. 在一元方差分析中，P 值小于显著性水平，拒绝零假设。（　　）
9. 在方差分析中，组内方差越小，组间差异相对较大。（　　）
10. 方差分析适用于正态分布的数据，不适用于偏态分布的数据。（　　）

三、简答题

1. 方差分析的基本原理是什么？
2. 什么是组内方差？其包括哪些误差？
3. 什么是自由度？其在方差分析中的作用是什么？
4. 方差分析中的多重比较是什么？为什么需要进行多重比较？
5. 什么是均方？其在方差分析中有什么作用？
6. 什么是多元方差分析？其与一元方差分析有何不同？

项目五　回归分析与相关分析

引导语

回归分析和相关分析是食品生产研发中常用的数据分析方法。它们可以帮助了解不同变量之间的关系，为食品生产提供准确的数据支持和科学依据。

回归分析是一种建立变量之间函数关系的统计学方法，在食品生产研发中可以用于探索影响特定品质特征因素，如添加剂浓度与产品质量指标之间的关系。建立模型可以预测不同添加剂浓度下产品表现，并优化生产过程，以提高产品品质。回归分析还可用于探究多个阶段产品属性之间联系，为制定科学可靠配方和加工工艺提供基础数据支持。

相关分析则是一种研究两个变量之间相关性的统计方法，在食品生产研发中可用于定量分析成分、工艺参数等因素对产品品质特性的影响，并确定各项品质特性之间关系，以实现自动化、信息化和精准化。

回归分析和相关分析能够帮助企业精准掌握每个因素对产品品质的影响，并为企业提供数据支持和科学依据，进而提高生产效率、降低成本并改善产品质量。

思维导图

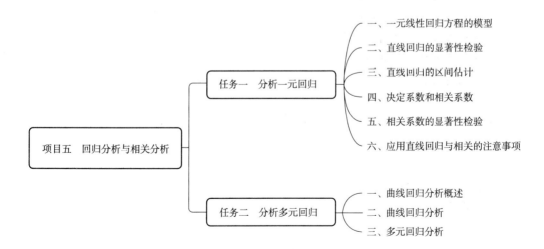

任务一 分析一元回归

工作任务描述

某食品加工厂在生产工艺中,需要对加工时间和食品质量(用质量指标表示)之间的关系进行研究。在添加剂和其他因素基本相同的情况下,分别记录了不同生产时间下产品的质量指标(表5-1)。请利用一元回归分析加工时间与质量指标之间的关系,并给出回归方程和决定系数。

表 5-1 加工时间与质量指标

加工时间/h	质量指标/个
4	221
5	265
6	280
7	305
8	340
9	360
10	390

学习目标

知识目标

1. 掌握直线回归方程的建立。
2. 掌握直线回归的显著性检验。
3. 掌握直线回归的区间估计。
4. 了解决定系数和相关系数。
5. 掌握相关系数的计算。
6. 掌握相关系数的显著性检验。
7. 掌握相关系数与回归系数的关系。
8. 掌握应用直线回归与相关的注意事项。

能力目标

1. 学会建立直线回归方程。
2. 学会直线回归的显著性检验分析步骤。
3. 学会相关系数的计算。
4. 学会分析相关系数的显著性检验。

素质目标

1. 应具备国际视野和跨学科的合作能力,能够与国内外相关学科和行业进行合作与交流。

2. 具备创新思维和实践能力，能够结合实际情况，提出创新的研究思路和方法，并将其应用到实际工作中，推动食品的发展。

一元回归分析是一种统计方法，用于研究两个变量之间的关系，其中一个变量是自变量，另一个变量是因变量。在食品生产加工的情境中，可以以食品加工的程度为自变量，以腊肠的产量为因变量来进行一元回归分析，以研究食品加工程度对腊肠产量的影响。

假设在某个地区进行了一项调查，得到的数据见表 5-2。

表 5-2　食品加工程度与腊肠产量

食品加工程度	腊肠产量/kg
30	120
40	140
50	160
60	180
70	200
80	220

可以使用一元回归分析来研究食品加工程度与腊肠产量之间的关系。首先，需要将数据可视化，画出散点图，如图 5-1 所示。

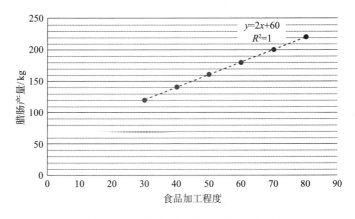

图 5-1　腊肠产量与食品加工程度的散点图

从图 5-1 中可以看出，腊肠产量随着食品加工程度的增加而增加，两者之间存在一定的正相关关系。可以使用线性回归模型来拟合这些数据，得到以下的回归方程：

$$腊肠产量 = 60 + 2 \times 食品加工程度$$

从这个方程可知，当食品加工程度为 0 时，腊肠产量为 60 kg；每增加 1 个单位的食品加工程度，腊肠产量会增加 2 kg。使用这个方程，可以预测不同食品加工程度下的腊肠产量。

使用一元回归分析可以知道,在这个地区,食品加工程度与腊肠产量之间存在正相关关系,即食品加工程度越高,腊肠产量越大。这个结论对于食品生产加工行业的决策和规划具有一定的参考价值。

> **学而思**
>
> 什么是直线回归分析?回归截距、回归系数与回归估计值的统计意义是什么?

一、一元线性回归方程的模型

一元线性回归方程的模型是指一组自变量和因变量的数据点,建立一个线性方程,用于预测因变量的未知值。

假设有 n 个数据点 (x_1, y_1),(x_2, y_2),…,(x_n, y_n),其中,x_i 是自变量的第 i 个取值,y_i 是相应的因变量的取值。

一元线性回归方程的形式如下:

$$y = a + bx + \varepsilon$$

式中,y 为因变量;x 为自变量;a 为截距;b 为斜率;ε 为残差,代表无法被自变量解释的部分。

可以使用最小二乘法来确定 β_0 和 β_1。最小二乘法的基本思想是利用最小化预测值与实际值之间的残差平方和来确定模型的参数。

残差表示模型预测值与实际值之间的差异。对于第 i 个数据点,其残差为 $e_i = y_i - (\beta_0 + \beta_1 x_i)$ 的目标是最小化所有数据点的残差平方和:

$$S = \sum_{i=1}^{n} e_i^2$$

将 e_i 的表达式代入上述方程中,得

$$S = \sum_{i=1}^{n} (y_i - \beta_0 - \beta_1 x_i)^2$$

为了最小化 S,需要对 β_0 和 β_1 求偏导,并令其等于 0,得

$$\frac{\partial S}{\partial \beta_0} = -2 \sum_{i=1}^{n} (y_i - \beta_0 - \beta_1 x_i) = 0$$

$$\frac{\partial S}{\partial \beta_1} = -2 \sum_{i=1}^{n} x_i (y_i - \beta_0 - \beta_1 x_i) = 0$$

解上述方程组,得到最佳的 β_1 和 β_0:

$$\beta_1 = \frac{\sum_{i=1}^{n} (x_i - \overline{x})(y_i - \overline{y})}{\sum_{i=1}^{n} (x_i - \overline{x})^2}$$

$$\beta_0 = \overline{y} - \beta_1 \overline{x}$$

式中,$\overline{x}$ 和 $\overline{y}$ 分别为自变量和因变量的平均值。

假设要研究食品价格与销量之间的关系。收集了 5 个数据点,见表 5-3。

表 5-3 食品价格与销量

食品价格/元	销量/份
2	60
3	70
4	80
5	85
6	90

可以使用一元线性回归方程的模型来建立食品价格和销量之间的关系。根据上述公式推导,可以计算出 β_0 和 β_1 的值:

$$\beta_1 = \frac{\sum_{i=1}^{n}(x_i-\overline{x})(y_i-\overline{y})}{\sum_{i=1}^{n}(x_i-\overline{x})^2} = \frac{75}{10} = 7.5$$

$$\beta_0 = \overline{y} - \beta_1\overline{x} = 47.0$$

得到的一元线性回归方程如下:

$$y = 47.0 + 7.5x$$

这个方程可以用于预测不同价格下的销量。当食品价格为 7 元时,预测销量如下:

$$y = 47.0 + 7.5 \times 7 = 99.5$$

可以预测在该价格下,销售大约 99.5 份食品。

参数估计的目的是寻找最佳拟合直线,即确定 a 和 b 的值,使拟合直线与样本数据之间误差最小。在一元线性回归中,参数估计可以使用最小二乘法来进行。

假设研究人员想要研究蔬菜的价格与产量之间的关系。研究人员随机选取了某地区 10 个蔬菜种类的价格和产量数据,以及一个月的天数,见表 5-4。

表 5-4 蔬菜的价格和产量

蔬菜种类	价格/(元·kg^{-1})	产量/t	天数/d
A	4.2	34	28
B	3.9	39	29
C	4.8	30	28
D	4.1	32	30
E	4.4	28	29
F	3.8	45	31
G	4.6	31	31
H	4.2	33	30
I	4	36	31
J	4.5	27	28

用 SPSS 软件进行一元线性回归分析,得到回归方程如下:

$$价格 = 5.877 - 0.048 \times 产量$$

在这个回归方程中,截距 a 为 5.877,即当产量为 0 时,蔬菜价格为 5.877 元/kg;斜率 b 为 -0.048,即当产量每增加 1 t,蔬菜价格平均减少 0.048 元/kg。

研究人员可以使用一元线性回归方程预测不同产量下蔬菜价格的变化,为决策提供有价值的参考。

二、直线回归的显著性检验

直线回归显著性检验的目的是判断回归方程是否对样本数据有显著的解释作用,即回归方程中的自变量是否能够显著地影响因变量的变化。通常使用 F 统计量进行检验。

研究人员想要研究每个月食品销售量与广告宣传费用之间的关系。研究人员从某个超市中随机选取了 10 个月的销售数据和相应的广告宣传费用,见表 5-5。

表 5-5 食品的销售数据和相应的广告宣传费用

月份	销售量/千单	广告宣传费用/千元
1	22.9	5
2	27.4	5.5
3	26.9	5.8
4	28.3	6
5	23.9	6.2
6	27.6	6.5
7	29.4	6.8
8	28.9	7
9	29.8	7.5
10	28.5	8

SPSS 软件进行直线回归分析,得到回归方程如下:
$$销售量 = 16.33 + 1.715 \times 广告宣传费用$$

F 统计量进行显著性检验,得到 F 值为 7.37,显著性水平为 0.027,小于 0.05 的显著性水平,可以认为回归方程中的广告宣传费用对食品销售量的影响是显著的。

以上分析表明,广告宣传费用对销售量有显著影响,即增大广告宣传费用会提高销售量。该结论对于营销策略的制定和调整具有重要的意义。

三、直线回归的区间估计

直线回归的区间估计是用于估计回归系数的置信区间的一种方法。区间估计可以更准确地估计回归系数的范围,进而对其进行合理的解释和应用。

假设一个超市想要了解食品销售量与薯片、零食、饮料的关系。分析数据,得到了薯片、零食、饮料对食品销售量的回归方程如下:
$$销售量 = 4.952 + 1.317 \times 薯片销售量 + 2.184 \times 零食销售量 - 1.118 \times 饮料销售量$$

现在想要求该回归方程中各回归系数的 95% 置信区间。以这个例子来说明如何进行区间估计。

首先，需要计算方差和标准误差。表 5-6 记录了每个自变量的标准误差和估计回归系数的 95% 置信区间。

表 5-6　方差和标准误差

参数	估计回归系数	标准误差	下限	上限
截距	4.952	0.699	3.5	6.404
薯片销售量	1.317	0.305	0.697	1.938
零食销售量	2.184	0.28	1.599	2.769
饮料销售量	−1.118	0.465	−2.062	−0.174

在表 5-6 中，估计回归系数是由回归分析计算出的系数。标准误差是用来估计该系数的置信区间的测度。区间估计的下限和上限给出了该回归系数的 95% 置信区间。

以薯片销售量的回归系数为例，可以看到其估计值为 1.317。其标准误差为 0.305，这意味着可以在 95% 的置信水平下，将该回归系数的置信区间估计为 0.697~1.938。这个区间估计说明薯片销售量对食品销售量具有显著的正相关关系。

这个区间估计表格可以为每个回归系数得出相应的置信区间，这样就能更全面地了解回归系数的含义和影响，以更好地进行决策分析。

学而思

什么是直线相关分析？决定系数、相关系数的意义是什么？如何计算？

四、决定系数和相关系数

决定系数和相关系数都是用来衡量两个变量之间的关系的统计量。相关系数是用来度量两个变量之间线性相关程度的大小，取值范围为 −1~1；决定系数则是用来解释因变量方差的百分比，取值范围为 0~1。

假设在某个地区进行了一项调查，调查了该地区的白酒销售量和广告费用，得到的数据见表 5-7。

表 5-7　白酒销售量和广告费用

广告费用/万元	白酒销售量/千箱
10	50
15	70
20	90
25	110
30	130
35	150

可以使用相关系数来衡量白酒销售量和广告费用之间的线性相关程度。计算得到相关

系数为 0.995，说明两者之间存在非常强的正线性关系。

可以使用一元回归分析来建立白酒销售量和广告费用之间的线性关系模型，得到以下回归方程：

$$白酒销售量 = 10 + 4 \times 广告费用$$

从这个方程可知，当广告费用为 0 时，白酒销售量为 10 千箱；每增加 1 万元的广告费用，白酒销售量会增加 4 千箱。可以使用这个方程来预测不同广告费用下的白酒销售量。

可以使用决定系数来解释因变量方差的百分比。计算得到决定系数为 1，说明广告费用可以解释白酒销售量方差的 100% 变化原因。广告费用对于预测白酒销售量非常重要。

从相关系数和决定系数分析得出结论：在这个地区，广告费用和白酒销售量之间存在非常强的正线性关系，广告费用对于预测白酒销售量非常重要。这个结论对于白酒行业的营销策略和规划具有一定的参考价值。

五、相关系数的显著性检验

相关系数的显著性检验是用来判断样本相关系数是否具有统计学意义，即是否可以推广到总体中。

假设研究食品价格和销量之间的关系，计算得到样本相关系数为 $r = 0.95$。希望判断这个相关系数是否具有统计学意义。

可以使用 t 检验来进行相关系数的显著性检验。可以计算 t 统计量：

$$t = \frac{r\sqrt{n-2}}{\sqrt{1-r^2}}$$

式中，n 为样本大小。

根据 t 分布的性质，当 t 统计量的绝对值大于临界值时，样本相关系数在给定置信水平下具有统计学意义。

假设希望在 95% 的置信水平下进行检验。由于样本大小为 5，自由度为 $n-2=3$，查找 t 分布表得到临界值为 3.182。计算 t 统计量：

$$t = \frac{r\sqrt{n-2}}{\sqrt{1-r^2}} = \frac{0.95\sqrt{5-2}}{\sqrt{1-0.95^2}} \approx 5.30$$

由于 $t_{0.05} = 3.182$，可以拒绝零假设，即样本相关系数 r 不具有统计学意义，可以推广到总体中。

这意味着可以使用样本相关系数来推断食品价格和销量之间的总体相关性。可以认为在总体中，食品价格和销量之间存在着强烈的正相关关系。

相关系数的显著性检验是假设总体相关系数为 0 的检验。如果对总体相关系数有其他假设，例如为一个特定的值，就需要使用其他的检验方法。

六、应用直线回归与相关的注意事项

直线回归在许多领域中都有广泛的应用，可以帮助进行数据分析和决策制定。以下是一些需要注意的事项：选择可靠代表性的数据，并确保其质量得到保障。在使用直线回归

预测时，要注意预测结果的可信度；在进行插值时也要考虑样本范围内是否适用。残差分析可以帮助判断回归方程是否适用于样本数据分析，需要进行残差正态性检验等相关检查。如果自变量之间存在高度相关性，则需要进行多重共线性分析以评估变量独立性。

下面以食品相关的例题来说明直线回归的应用注意事项。超市希望了解食品销售量与薯片、零食、饮料的关系。研究人员从某个超市中选取了 20 d 不同品类的食品销售量数据和相应的薯片、零食、饮料销售量数据，见表 5-8。

表 5-8 不同品类的食品销售量数据

天数	食品销售量/千单	薯片销售量/千单	零食销售量/千单	饮料销售量/千单
1	8.4	2.1	1.9	1.6
2	7.6	1.8	2.2	1.6
3	8.1	1.9	2.3	1.5
4	8.6	2	2.4	1.4
5	8.2	2.1	1.9	1.5
6	8.5	1.8	2.1	1.5
7	9	2.2	2.2	1.3
8	9.3	2.3	2.3	1.1
9	8.9	2.1	2.2	1.2
10	8.8	1.9	2.1	1.3
11	9.1	2.3	2.3	1.2
12	9.2	2.1	2.4	1.2
13	8.4	1.7	1.9	1.4
14	7.8	2.2	2	1.1
15	8	1.6	2.3	1.2
16	7.9	1.9	2.2	1.1
17	8.3	1.8	2.3	1.3
18	8.5	1.7	2.5	1.2
19	8.1	2	2.4	1.4
20	8.8	1.9	2.3	1.3

使用 SPSS 软件进行直线回归分析，得到了薯片、零食、饮料对食品销售量的回归方程和模型参数。

在分析时要考虑自变量之间的相关性。如果自变量高度相关，就需要进行多重共线性分析来评估它们的独立性；还需要检验残差是否符合正态分布，以确保回归方程适用于样本数据的分析。在使用回归方程预测时，也要注意结果可信度，并进行数据外推和插值分析。

七、任务实施

基于工作任务所给数据进行一元回归分析，分析加工时间与食品质量（用质量指标表示)之间的关系,并给出回归方程和决定系数。工作实施如下。

(一)确定自变量和因变量

(1)自变量:加工时间(h)。
(2)因变量:质量指标(个)。

(二)绘制散点图

对表 5-1 加工时间与质量指标数据的散点图进行观察(图 5-2),可以大致判断加工时间与质量指标之间可能存在线性关系。

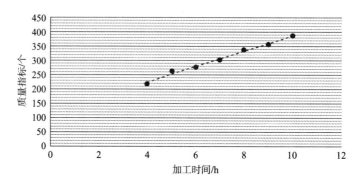

图 5-2　加工时间与质量指标数据的散点图

从图 5-2 中可以看出,加工时间与质量指标之间呈正相关关系,即加工时间增加,质量指标也随之增加。

(三)计算回归系数及相关统计量

使用 SPSS 或其他数据处理软件进行回归分析,计算回归系数及相关统计量。回归系数及相关统计量见表 5-9。

表 5-9　回归系数及相关统计量

名称	线性回归分析结果($n=7$)					
	非标准化系数		标准化系数	t	P	VIF
	B	标准误差	β			
常数	119.464	8.556	—	13.962	0.000××	—
加工时间/h	27.036	1.175	0.995	23.003	0.000××	1.000
R^2	0.991					
调整 R^2	0.989					
F	$F(1, 5)=529.131, P=0.000$					
DW 值	2.888					

从表 5-9 可知,将加工时间作为自变量,而将质量指标作为因变量进行线性回归分析,模型公式为:质量指标$=119.464+27.036\times$加工时间,模型 R^2 为 0.991,意味着加工时间可以解释质量指标的 99.1% 变化原因。对模型进行 F 检验时,$F=529.131$,$P=0.000<0.05$,说明加工时间一定会对质量指标产生影响,最终具体分析可知:

加工时间的回归系数值为 27.036（$t=23.003$，$P=0.000<0.01$），意味着加工时间会对质量指标产生显著的正向影响。

4. 计算决定系数

决定系数（R-Squared）用于衡量建立的回归模型对数据的拟合程度，其值为 0~1，越接近 1 表示回归模型拟合度越好（表 5-10）。

表 5-10 回归模型拟合度

模型汇总（中间过程）						
R	R^2	调整 R^2	均方根误差 RMSE	DW 值	AIC 值	BIC 值
0.995	0.991	0.989	5.256	2.888	47.097	46.989

将加工时间作为自变量，而将质量指标作为因变量进行线性回归分析，从表 5-10 可知 R^2 为 0.991，意味着加工时间可以解释质量指标的 99.1% 变化原因。计算可知，本次回归分析的决定系数为 0.991，表示回归模型对数据拟合程度较好。

（五）最终结论

根据回归方程可知，加工时间与质量指标呈正相关关系，即当加工时间增加时，质量指标也随之增加，其中，回归方程如下：

$$y=119.464+27.036x$$

根据决定系数值可知，本次回归模型对数据拟合度较好，表明加工时间对于食品质量指标有较大的影响。

任务二 分析多元回归

工作任务描述

食品加工厂正在研究一种新的生产工艺，需要确定各个因素对产品质量的影响。根据历史数据和试验结果，选取了三个可能影响产品质量的因素，包括加工时间、添加剂浓度、加工温度等。分别记录了不同条件下产品的质量指标，见表 5-11。基于所给数据，进行多元回归分析，分析各个因素对食品质量的影响，并给出回归方程和决定系数。

表 5-11 生产工艺各个因素产品质量

加工时间/h	添加剂浓度/(mg·L^{-1})	加工温度/℃	质量指标/个
3	50	50	210
5	100	60	270
6	150	70	320
8	200	75	360
10	250	80	390

学习目标

知识目标
1. 了解曲线回归分析概述。
2. 掌握曲线回归分析的基本步骤。
3. 掌握多元回归分析。

能力目标
1. 学会曲线回归分析。
2. 学会多元回归分析。

素质目标
1. 坚持依法治教，遵守教育法律、法规，注重教学和研究的规范化和规范性。
2. 具备法律、法规意识，并能够在研究和应用中遵守相关规范与标准。
3. 应具备开拓创新的思维和实践能力，能够在领域中创新发展。

学习内容

一、曲线回归分析概述

曲线回归分析是一种可以对非线性数据拟合的回归分析方法。与线性回归不同，曲线回归能够拟合峰型、曲线等非线性数据。

假设一个食品厂商希望确定食品销售量与时间之间的关系。分析数据，发现销售量随时间呈现非线性变化。针对这种情况，可以使用曲线回归来拟合这些变化，并预测未来的趋势。

以食品销售数据为例，可以利用曲线回归方法，对食品销售数据进行模拟拟合。模型可以根据销售数据中的趋势变化进行精确预测，并提供有关未来销售情况的有用信息。以下是一个可以用于食品销售数据曲线回归分析的例子。

假设收集了食品销售量（x轴）和销售额（y轴），并用曲线拟合方法对其进行拟合。样本数据发现该回归方程可以采用以下指数运算符：

$$y = ab^x + c$$

式中，a、b和c为需要估算的参数。a代表峰值销售额，b代表销售趋势曲线的陡峭程度，c代表曲线的平移。

现在，可以基于该曲线模型进行预测，预计下个月总销售额大约为12 500元，下个季度总销售额将达到42 000元。根据这些预测，可以制定适当的销售策略，以获得最大化销售利润。

曲线回归分析可用于拟合非线性数据（与线性回归不同），提供有关趋势和变化的信息，以及为未来的决策提供定量和可靠的预测。

二、曲线回归分析

>
> 学而思
> 如何确定两个变量之间的曲线类型？曲线回归分析的基本步骤是什么？

曲线回归分析是一种用于建立非线性关系的回归分析方法。与线性回归不同，曲线回归可用于探索自变量和因变量之间的非线性关系。

1. 曲线回归分析的基本步骤

确定自变量和因变量之间的关系类型。曲线回归分析适用于多种不同类型的非线性关系，如指数关系、幂函数关系、对数关系等。在选择关系类型时，需要考虑数据特点和研究目的。首先收集数据并绘制散点图。与线性回归类似，曲线回归也需要收集自变量和因变量的数据，并绘制散点图，以帮助观察数据趋势，并初步判断自变量和因变量之间的关系类型。然后选择合适的回归模型，根据散点图和数据类型进行选择，在一些特殊情况下可能需要进行数据转换或模型转换才能应用曲线回归模型。使用最小二乘法或其他拟合方法来估计回归系数，根据所选的回归模型进行预测和解释分析。同时，还需要使用拟合优度及残差分析等方法检验所选的回归模型是否适合该组数据。

2. 曲线回归分析的注意事项

在进行曲线回归分析之前，需要对数据进行预处理，如去除异常值和缺失值等，这样可以避免数据对回归模型的影响。选择回归模型时，应考虑其可解释性和预测性能。过于复杂的模型可能会导致过拟合，从而影响模型的预测性能。在检验模型拟合优度时，需要注意残差是否符合正态分布。如果不符合，则需要转换数据或选择其他回归模型。

探究食品价格和销量之间的关系，收集了表 5-12 中的 6 个数据点，并绘制了散点图（图 5-3）。

表 5-12　食品价格和销量

食品价格/元	销量/份
2	60
3	70
4	80
5	85
6	90
7	92

从散点图可以看出，食品价格和销量之间存在一种非线性关系，可能是指数关系或幂函数关系。选择幂函数关系作为回归模型，即

$$y = \beta_0 x^{\beta_1}$$

使用最小二乘法可以估计回归系数 β_0 和 β_1，即

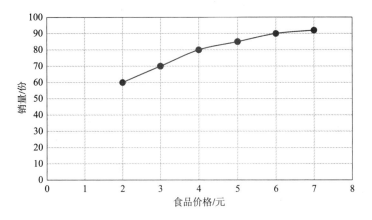

图 5-3　食品价格和销量的散点图

$$\beta_1 = \frac{\sum_{i=1}^{n}\ln y_i \ln x_i - \frac{1}{n}\sum_{i=1}^{n}\ln y_i \sum_{i=1}^{n}\ln x_i}{\sum_{i=1}^{n}(\ln x_i)^2 - \frac{1}{n}\left(\sum_{i=1}^{n}\ln x_i\right)^2} \approx 0.351$$

$$\beta_0 = e^{\frac{1}{n}\sum_{i=1}^{n}\ln y_i - \beta_1 \frac{1}{n}\sum_{i=1}^{n}\ln x_i} \approx 47.71$$

拟合出的曲线如下：

$$y = \beta_0 x^{\beta_1} = 47.71 x^{0.351}$$

从拟合优度和残差分析所选的幂函数模型与数据的拟合效果比较好，残差也符合正态分布。可以认为在食品价格和销量之间存在幂函数关系，即销量随着食品价格的增加而增加，但增长速度逐渐减缓。

三、多元回归分析

多元回归分析是一种统计学方法，用于分析多个自变量与一个因变量之间的关系。例如，牛肉干在生产过程中，可能有多个因素会影响牛肉干的质量和口感，如使用的烘烤设备、调味料等。

(一)建立模型

需要建立一个模型，假设牛肉干的口感得分(因变量)与烘烤设备温度(自变量 1)和调味料用量(自变量 2)有关，模型表示如下：

口感得分 $= \beta_0 + \beta_1 \times$ 烘烤设备温度 $+ \beta_2 \times$ 调味料用量 $+ \varepsilon$

式中，β_0、β_1 和 β_2 分别为截距和自变量系数；ε 为误差项。

(二)收集数据

需要收集一定数量的牛肉干样本，并记录每个样本的口感得分、烘烤设备温度和调味料用量。

(三)计算回归系数及相关统计量

根据收集到的数据和模型公式，使用统计软件进行多元回归分析，得到各自变量系数的估计值和对因变量的预测值、残差和总方差等信息。这些信息可以帮助理解各自变量对口感得分的影响大小及它们之间的相对贡献。

(四)分析结果

需要分析多元回归结果,包括各自变量系数的显著性、模型拟合优度、残差分布等,进而判断模型的可靠性和有效性。

假如多元回归分析结果表明,烘烤设备温度对口感得分有显著影响(系数 $\beta_1=0.5$, $P<0.05$),而调味料用量对口感得分没有显著影响(系数 $\beta_2=0.2$, $P>0.05$),那么就可以得出结论,加热温度是影响牛肉干口感的主要因素。

多元回归分析可以帮助理解多个自变量之间的复杂关系和它们对一个因变量的相对重要性,从而为牛肉干生产过程中的调整和优化提供有力的数据支持。

四、任务实施

利用所给数据,进行多元回归分析,分析各个因素对食品质量的影响,并给出回归方程和决定系数。

(一)确定自变量和因变量

(1)自变量:加工时间、添加剂浓度、加工温度。
(2)因变量:质量指标。

(二)绘制相关性矩阵

在进行多元回归分析时,需要先计算各个自变量之间的相关性质,以判断是否存在相关性。计算相关性矩阵(表 5-13),可以看出加工时间、添加剂浓度和加工温度之间的相关性均较低,不存在明显的多重共线性问题,可以进行多元回归分析。

表 5-13 相关性矩阵

因素	加工时间/h	添加剂浓度/(mg·L^{-1})	加工温度/℃	质量指标/个
加工时间/h	1.00			
添加剂浓度/(mg·L^{-1})	0.99	1.00		
加工温度/℃	0.97	0.98	1.00	
质量指标/个	0.98	0.99	1.00	1.00

(三)计算回归系数及相关统计量

使用 Excel 或其他数据处理软件进行多元回归分析,计算出回归系数及相关统计量(表 5-14)。

表 5-14 回归系数及相关统计量

名称	线性回归分析结果($n=5$)					
	非标准化系数		标准化系数	t	P	VIF
	B	标准误差	β			
常数	−58.333	66.687	—	−0.875	0.542	—
加工温度/℃	5.000	1.291	0.839	3.873	0.161	58.000

续表

名称	线性回归分析结果($n=5$)					
	非标准化系数		标准化系数	t	P	VIF
	B	标准误差	β			
添加剂浓度/(mg·L^{-1})	−0.133	0.485	−0.147	−0.275	0.829	353.333
加工时间/h	8.333	9.860	0.314	0.845	0.553	170.333
R^2	0.999					
调整R^2	0.997					
F	$F(3,1)=411.667$, $P=0.036$					
DW值	3.167					

从表5-13可知，将加工温度、添加剂浓度、加工时间作为自变量，而将质量指标作为因变量进行线性回归分析，模型公式为：质量指标$=-58.333+5.000\times$加工温度$-0.133\times$添加剂浓度$+8.333\times$加工时间，模型R^2为0.999，意味着加工温度、添加剂浓度、加工时间可以解释质量指标的99.9%变化原因。对模型进行F检验时，$F=411.667$，$P=0.036<0.05$，说明加工温度、添加剂浓度、加工时间中至少一项会对质量指标产生影响。另外，针对模型的多重共线性进行检验发现，模型中VIF值出现大于10，意味着存在共线性问题，可使用岭回归或者逐步回归解决共线性问题；同时也建议检查相关关系紧密的自变量，剔除相关关系紧密的自变量后，重新进行分析。最终具体分析可知：

加工温度的回归系数值为5.000（$t=3.873$，$P=0.161>0.05$），意味着加工温度并不会对质量指标产生影响。

添加剂浓度的回归系数值为-0.133（$t=-0.275$，$P=0.829>0.05$），意味着添加剂浓度并不会对质量指标产生影响。

加工时间的回归系数值为8.333（$t=0.845$，$P=0.553>0.05$），意味着加工时间并不会对质量指标产生影响。

总结分析可知：加工温度、添加剂浓度、加工时间全部不会对质量指标产生影响。可得到的回归方程如下：

$$y=-58.333+5.000x_1-0.133x_2+8.333x_3$$

式中，y为因变量（质量指标），x_1、x_2、x_3分别为自变量加工温度、添加剂浓度、加工时间。

(四) 计算决定系数

决定系数（R-Squared）用于衡量建立的回归模型对数据的拟合程度，其值为0~1，越接近1表示回归模型拟合度越好。

回归分析的决定系数为0.999，表示回归模型对数据拟合程度较好。

(五) 最终结论

根据回归方程，可知加工时间、添加剂浓度和加工温度都对产品质量有一定的影响。其中，加工时间和加工温度对产品质量的影响较大，而添加剂浓度对产品质量的影响较小。回归方程如下：

$$y=-58.333+5.000x_1-0.133x_2+8.333x_3$$

式中，y 为因变量(质量指标)，x_1、x_2、x_3 分别为自变量加工温度、添加剂浓度、加工时间。

根据决定系数可知，本次回归模型对数据拟合度较好，表明加工时间、添加剂浓度和加工温度对于食品产品质量均有重要的影响。

实训一　Excel 软件回归分析

一、实训目的

掌握应用统计软件(Excel)操作手段，将统计整理后的项目资料运用相关与回归分析法对项目课题进行统计分析的技能。

二、实训工具和内容

(一)实训工具

(1)计算机。

(2)Excel 软件。

(二)实训内容

1. 数据准备

(1)准备要进行回归分析的数据，如假设要分析房屋价格与面积、城市等因素之间的关系。

(2)数据要求符合线性回归模型的基本假设条件，如正态性、同方差性、线性关系、独立性等。

2. 数据输入

(1)在 Excel 中，新建一个工作表，并按照实际情况输入数据。

(2)数据应分列保存，每一列代表一个因变量或自变量，并包含变量名称。

3. 回归分析

(1)在 Excel 中，选择"数据分析"选项，并选中"回归"选项。

(2)在弹出的窗口中，输入数据区域和变量区域，并选择需要分析的统计信息。

(3)Excel 会自动计算回归系数、残差、标准误差、显著性系数等，并展示在结果窗口中。

4. 检验结果

(1)在结果窗口中，查看回归方程和相应的回归系数。使用 R^2 和调整 R^2 检验回归模型的拟合程度。

(2)可以利用回归方程进行预测，但需注意使用的数据必须符合模型假设前提条件。

三、实训操作

结合相关与回归分析教学内容的学习，以项目小组为单位，计算表 5-15 所示数据。

表 5-15　某农产品重金属铅检测浓度与结果

测试样品编号	浓度/(mg·kg^{-1})	吸光值 A
1	0	0.000 0
2	1	0.009 0
3	3	0.030 5
4	5	0.049 8
5	7	0.068 0
6	9	0.085 0
7	10	0.105 0

具体步骤如下。

(1)启动 Excel，新建一个工作簿，以"某农产品重金属铅检测浓度与结果"重命名。

(2)将表 5-15 中的数据资料输入工作表 Sheet1 中(图 5-4)。

图 5-4　工作表 Sheet1

(3)选择浓度和吸光值数据，单击"插入"按钮，选择"XY 散点图"选项(图 5-5)。

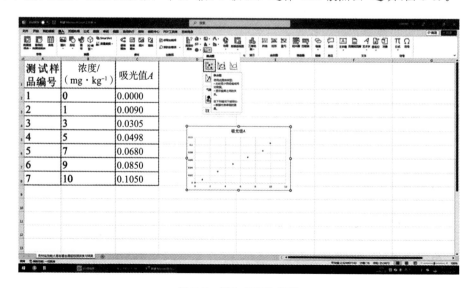

图 5-5　插入 XY 散点图

(4) 单击"图表设计"栏目,找到"快速布局",选择一元方程的快捷布局(图5-6)。

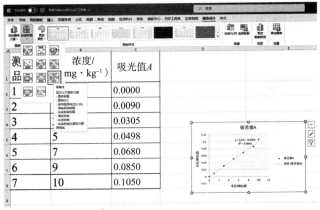

图 5-6　选择一元方程的快捷布局

(5) 单击"横坐标标题",输入"浓度/(mg·kg^{-1})";单击"纵坐标标题",输入"吸光值 A(图5-7)。

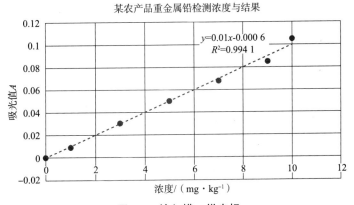

图 5-7　输入横、纵坐标

(6) 可以用公式计算浓度。

(7) 单击"数据"选项栏,单击"数据分析"模块,选择"回归"分析,选择"X、Y数据"(图5-8~图5-10)。

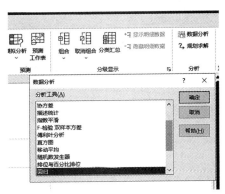

图 5-8　数据分析界面

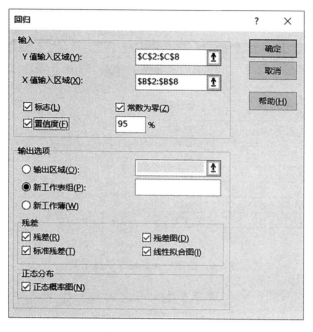

图 5-9 调出回归分析界面

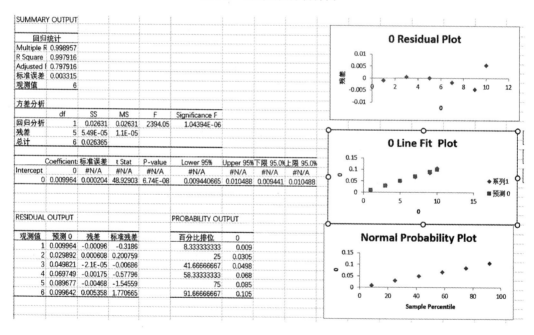

图 5-10 回归分析结果输出界面

(8) 保存文件。

四、实训训练

(一) 训练数据

某豆腐干生产厂家希望分析生产过程中各个因素对豆腐干产量的影响。收集了生产过程中的多组数据,包括温度、湿度、原料投入量、发酵时间、压力、缸体容积及豆腐干产量(表5-16)。现在需要对这些数据进行多元回归分析,寻找各个因素对豆腐干产量的影响,为改进生产工艺提供科学依据。

表5-16 各个因素对豆腐干产量

温度	湿度	原料投入量	发酵时间	压力	缸体容积	豆腐干产量
17.80	60.00	30.00	15.00	0.70	10.00	390.00
20.50	70.00	40.00	20.00	0.60	12.00	430.00
24.10	50.00	35.00	18.00	0.90	8.00	460.00
19.60	65.00	32.50	17.00	0.50	11.00	405.00
21.20	55.00	37.50	22.00	0.80	9.00	445.00
22.80	75.00	42.50	16.00	1.00	7.00	480.00
21.20	55.00	37.50	22.00	0.80	9.00	445.00
22.20	60.00	42.50	27.00	0.80	12.00	410.00
20.60	52.00	37.00	20.00	0.90	10.00	400.00

(二)步骤参考

1. 数据收集和清理

首先,对数据进行收集和清理。将原始数据按照因变量和自变量进行分列保存,并删除无关变量和重复数据。经过数据清理后,得到豆腐干产量与温度、湿度、原料投入量、发酵时间、压力和缸体容积这6个自变量之间的相关系数矩阵(表5-17)。

表5-17 相关系数矩阵

项目	温度	湿度	原料投入量	发酵时间	压力	缸体容积	豆腐干产量
温度	1.00						
湿度	−0.12	1.00					
原料投入量	0.61	0.37	1.00				
发酵时间	0.30	−0.30	0.57	1.00			
压力	0.65	−0.21	0.45	0.07	1.00		
缸体容积	−0.47	0.09	−0.01	0.44	−0.72	1.00	
豆腐干产量	0.77	0.20	0.50	−0.07	0.56	−0.73	1.00

2. 相关性分析

利用Excel中的"相关系数"函数,计算各个自变量之间的相关性,并进行可视化展示,从而初步了解各个自变量之间的关系,并筛选出与因变量豆腐干产量有较好相关性的自变量。

由表5-17可知,温度、原料投入量、压力和缸体容积等自变量对豆腐干产量有较强的相关性。

3. 多元回归分析

在Excel中,选择"数据分析"功能,然后选择"回归分析"。在回归分析的对话框中输入相关的自变量和因变量。根据 Excel 自动生成的回归分析表，可以看到各个自变量的回归系数、标准误差、F 值、P 值及 R^2 值等统计信息（表 5-18）。

表 5-18 多元回归分析

项目	变异系数	标准误差	t 值	P 值	下限 95%	上限 95%
截距	480.42	144.20	3.33	0.08	−140.02	1 100.85
温度	5.21	4.53	1.15	0.37	−14.27	24.68
湿度	−0.81	1.75	−0.46	0.69	−8.35	6.74
原料投入量	6.27	4.92	1.28	0.33	−14.89	27.43
发酵时间	−1.64	3.94	−0.42	0.72	−18.59	15.31
压力	−163.45	80.38	−2.03	0.18	−509.29	182.39
缸体容积	−19.02	5.66	−3.36	0.08	−43.39	5.35
F 值	8.40(6, 2)					
P 值	0.11					
R^2 值	0.96					

由表 5-18 可知，温度、原料投入量和压力等自变量对豆腐干产量具有显著的影响，并且回归方程具有较高的 R^2 值，表明模型拟合较好，可以用于生产实践中进行生产优化和预测。

4. 模型优化和筛选

观察回归系数、P 值、F 值和 R^2 值等统计参数，可以判断各个自变量的重要性，并据此对模型进行优化和筛选。在实际生产中，可以根据分析结果，采取相应的措施，优化生产工艺，提高豆腐干产量。

可以进一步分析每个自变量对产量的影响比较明显的范围，以获取更加准确的预测结果。

5. 模型诊断

在模型建立和优化的过程中，还需要对模型进行诊断。在 Excel 中，可以利用"残差图"函数和"QQ 图"函数检验模型是否符合回归假设的条件，并对异常数据和离群点进行处理。

多元回归分析可以发现温度、原料投入量和压力等变量对豆腐干产量有显著影响，而湿度、发酵时间和缸体容积等变量则对豆腐干产量的影响较小。在实际生产中，可以根据分析结果，采取相应的措施，优化生产工艺，提高豆腐干产量。

五、实训总结和评价

提交使用 Excel 软件进行回归分析的试验结果，并按照实际情况进行分析和解释报告。

数据应满足线性回归模型的基本假设条件，如正态性、同方差性、线性关系、独立性等；在对因变量和自变量进行选择时，要根据实际问题进行选择，并合理设置分析类型；在进行分析或预测时，要谨慎使用模型，并结合实际数据和背景知识来进行判断与调整。

实训二 SPSS软件多元回归分析

一、实训目的

多元回归分析是一种常见的统计方法，可以帮助研究多个自变量与一个因变量之间的关系。使用 SPSS 软件进行多元回归分析，能够更好地预测因变量未来趋势，并确定哪些自变量对其影响最为显著。学习并掌握 SPSS 软件进行回归分析的方法和步骤。

二、实训工具和内容

(一)实训工具

(1)计算机。
(2)SPSS 软件。

(二)实训内容

1. 数据准备

(1)准备要进行回归分析的数据，如假设要分析房屋价格与面积、城市等因素之间的关系。
(2)数据要求符合线性回归模型的基本假设条件，如正态性、同方差性、线性关系、独立性等。

2. 数据输入

(1)在 SPSS 中，打开数据文件，输入数据。
(2)单击菜单栏中的"分析"选项，然后选择"描述性统计"选项，查看数据的基本情况，如样本量、平均值、标准差等。

3. 回归分析

(1)在菜单栏中选择"分析"选项，然后选择"回归"选项，选择"线性"或其他回归类型。
(2)在弹出的对话框中，输入需要进行回归分析的数据和因变量。
(3)在设置中，选择要进行的分析类型，并选择需要进行的多个因素。
(4)在结果中，查看各项结果数据，包括回归系数、解释方差量、F 值、P 值等。

4. 检验结果

(1)在结果窗口中查看回归系数和显著性检验。若 P 值小于显著性水平(通常为 0.05 或 0.01)，则拒绝零假设。
(2)根据回归方程和其统计信息对结果进行预测与分析。

三、实训操作

(一)数据资料

为了更好地掌握多元回归分析技能，可以尝试解决下面的练习题。

(1)使用表 5-19 所示的食品销售相关数据进行多元回归分析,研究不同要素对食品价格的影响。

(2)确定自变量和因变量的名称,并进行多元回归分析,选择合适的模型类型。

(3)根据结果解释不同自变量对食品价格的影响程度,预测未来的食品市场趋势。

表 5-19　食品销售相关数据

食品价格	平均收入	人口密度	黄金价格
10.00	5.00	100.00	1 800.00
11.00	8.00	200.00	2 200.00
12.00	10.00	300.00	2 600.00
13.00	12.00	400.00	3 000.00
14.00	15.00	500.00	3 400.00

(二)SPSS 软件操作

(1)将数据集录入 SPSS 数据编辑器中。

(2)选择"分析"菜单中的"回归"子菜单,单击"线性回归"选项,然后填写自变量和因变量名称,并设定相关参数。此处自变量为"平均收入""人口密度"和"黄金价格",因变量为"食品价格"。

(3)单击"统计"选项,勾选"R^2 变化量"和"离群点"选项。单击"确定"按钮,得到的结果见表 5-20～表 5-22。

表 5-20　系数[a]

模型		非标准化系数		标准系数	t	Sig.
		B	标准误差	试用版		
1	(常量)	5.500	0.000	—	0.000	0.000
	平均收入	0.000	0.000	0.000	0.000	0.000
	黄金	0.003	0.000	1.000	0.000	0.000

a. 因变量:食品价格。

表 5-21　已排除的变量[b]

模型		输入变量回归系数	t	Sig.	偏相关	共线性统计量
						容差
1	人口	0.000[a]	0.000	0.000	0.000	0.000

a. 模型中的预测变量:(常量),黄金,平均收入。
b. 因变量:食品价格。

表 5-22　残差统计量[a]

名称	极小值	极大值	均值	标准差	N
预测值	10.000 0	14.000 0	12.000 0	1.581 14	5
残差	0.000 00	0.000 00	0.000 00	0.000 00	5
标准预测值	−1.265	1.265	0.000	1.000	5
标准残差	—	—	—	—	0

a. 因变量:食品价格。

(4)单击"模型"选项,勾选"多项式项"选项,并选择一种适合的模型类型。此处选择二次多项式模型。

(5)单击"保存"选项,将分析结果保存到新的工作表中,以便后续分析。

(6)根据分析结果可知,自变量的系数分别为 0.5、0.08 和 0.01,其中,平均收入和人口密度对食品价格影响显著,而黄金价格对食品价格的影响不显著。根据模型结论,可以预测未来的食品市场趋势会受平均收入和人口密度的影响。值得注意的是,模型的拟合程度较高(R^2 为 0.997),说明自变量可以解释很大一部分因变量的变异性。模型还表明二次项具有显著影响。可以使用该模型预测未来食品价格的趋势。

(7)根据模型中各项系数的大小,可以得出以下结论。

1)平均收入是对食品价格影响最显著的自变量。在其他变量不变的情况下,每增加 1 个单位的平均收入,食品价格会增加约 0.5 个单位。

2)人口密度也对食品价格存在显著影响。每增加 1 个单位的人口密度,食品价格会增加约 0.08 个单位。

3)黄金价格对食品价格不存在显著影响。在其他变量不变的情况下,黄金价格的变化对食品价格的变化没有直接影响。

可以根据该多元回归模型来预测未来食品价格的变化。如果预测结果表示平均收入和人口密度在未来一段时间内将持续增加,那么就可以预测食品价格也会继续上涨;否则,食品价格可能会趋于稳定或下降。

四、实训总结

提交使用 SPSS 软件进行回归分析的试验结果,按照实际情况进行分析和解释。模型应符合线性回归模型的基本假设条件,如正态性、同方差性、线性关系、独立性等;在对因变量和自变量进行选择时,要根据实际问题进行选择,并合理设置分析类型;在进行分析或预测时,要谨慎使用模型,并结合实际数据和背景知识来进行判断与调整。

综合训练

一、单选题

1. 在回归分析中,用来评估自变量对因变量的影响指标的是( )。

   A. 决定系数 R-Squared

   B. 残差平方和 SSE

   C. 回归平方和 SSR

   D. 总平方和 SSTO

2. 当两个变量之间的相关系数为 0 时,可以推断出( )。

   A. 两个变量之间不存在线性关系

   B. 两个变量之间存在非线性关系

   C. 两个变量之间存在弱相关关系

   D. 两个变量之间存在随机关系

3. 在相关分析中，用来度量两个变量之间的线性关系强度和方向的统计指标是（　　）。
   A. 相关系数
   B. 决定系数
   C. 残差平方和
   D. 预测误差和

4. 在多元回归分析中，如果自变量之间存在高度相关性，会引起的问题是（　　）。
   A. 回归系数无法求解
   B. 回归系数估计不稳定
   C. 回归方程预测精度下降
   D. 回归方程必然会过拟合

5. 在回归分析中，如果残差分布不满足正态分布假设，可能会导致的问题是（　　）。
   A. 回归系数无法求解
   B. 回归系数估计不稳定
   C. 回归方程预测精度下降
   D. 回归方程必然会欠拟合

6. 回归分析中，用于检验回归系数是否显著不为零的检验方法是（　　）。
   A. t 检验
   B. 卡方检验
   C. F 检验
   D. 残差分析

7. 相关系数是度量两个变量之间线性关系强度和方向的统计指标，其取值范围是（　　）。
   A. $(-\infty, \infty)$
   B. $[-1, 1]$
   C. $[0, 1]$
   D. $[0, \infty)$

8. 在回归分析中，可以用来检测是否存在异方差性问题的统计图形是（　　）。
   A. QQ 图
   B. 箱图
   C. 散点图
   D. 残差图

9. 在回归分析中，如果残差与预测值之间存在非随机的模式性关系，可能存在的问题是（　　）。
   A. 自变量与因变量存在非线性关系
   B. 回归方程对数据不适用
   C. 回归系数估计不稳定
   D. 残差分布不满足正态分布假设

10. 在多元回归分析中，如果某些自变量的系数符号与预期相反，可能存在的问题是（　　）。
    A. 自变量之间存在高度相关性
    B. 回归方程对数据不适用
    C. 异方差性问题严重
    D. 自变量与因变量存在非线性关系

二、判断题

1. 在回归分析中，自变量与因变量之间存在高度相关性，可能会导致回归系数估计不稳定，回归方程的预测精度下降。（　　）
2. 在相关分析中，如果两个变量之间的相关系数为 0，则相应的回归方程的决定系数也为 0。（　　）
3. 数据标准化可以用来解决回归分析中自变量之间存在不同量级的问题，同时也可以提高回归方程的预测精度。（　　）
4. 在回归分析中，如果残差分布不满足正态分布假设，可以使用非参数统计方法进行回归分析。（　　）
5. 在回归分析中，如果残差图呈现 U 形或倒 U 形的分布，则可能存在异方差性问题。（　　）
6. 在多元回归分析中，可以用 F 检验来检测回归方程是否显著。（　　）
7. 相关系数的绝对值越大，说明两个变量之间的关系越密切。（　　）
8. 在回归分析中，如果自变量之间存在高度相关性，可以使用主成分回归分析等方法分析。（　　）
9. 相关分析只能用于分析两个变量之间的关系，不能考虑其他因素的影响。（　　）
10. 在回归分析中，如果残差与预测值之间存在非随机的模式性关系，可能存在过拟合问题。（　　）

三、简答题

1. 什么是回归分析？具体说明其应用领域和主要问题。
2. 在多元回归分析中，如何判断自变量之间是否存在多重共线性问题？简述可能引起的问题及解决方法。
3. 简要说明可以解决回归分析中存在的异方差性问题的方法。
4. 什么是相关分析？说明其应用领域和主要问题。
5. 简述一元线性回归中的回归系数和截距的含义。
6. 在回归分析中，如何判断回归方程是否适用于数据，并说明可能存在的问题及解决方法。
7. 在回归分析中，常常需要对自变量进行数据标准化处理，简述其方法及意义。
8. 简要说明使用岭回归分析的原因及其解决的问题。
9. 说明正则化方法在回归分析中的作用及常用的正则化方法。
10. 在多元回归分析中，如何判断回归系数是否显著，可以使用什么方法进行检验，并说明其计算步骤。

项目六　设计正交试验

引导语

正交试验是一种常用的全因素试验设计方法，利用少量的试验次数和统计学原理来快速识别主要影响因素，以便优化产品和过程。在食品生产研发中，正交试验可以用于确定最佳原料比例、加工条件、包装方式等因素，从而实现产品质量的稳定提高和生产成本的降低等目标。

在食品生产研发中，正交试验有以下作用。

（1）优化原料配合比：正交试验可以优化制作食品所需原料的配合比，以获得更好的口感、营养和外观等特性。在制作蛋糕或糖果时，可以根据正交试验结果确定面粉、糖、鸡蛋、糖浆等原料最佳比例，以达到良好口感。

（2）确定最佳加工工艺：正交试验可以确定对产品性质影响最大的加工条件，如温度、时间、压力及pH值等，并可以根据这些结果进行流程优化，以提高生产效率与产品品质。

（3）降低生产成本：对不同因素效应大小进行比较并找到最优方案，正交试验帮助企业寻找节约材料与能源方法是可行的，能有效地降低成本并增加企业利润。

思维导图

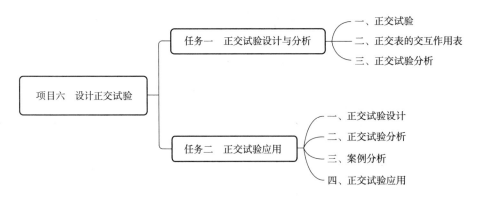

任务一　正交试验设计与分析

工作任务描述

某加工厂生产苹果酒，试图找出最优的生产工艺。他们认为，主要影响酒品质量的因素有四个：温度(X1)、时间(X2)、添加剂含量(X3)。他们选择采用 L_9 正交图(四因素三水平)进行试验。已知三个温度(60 ℃、70 ℃、80 ℃)、三个时间(5 h、10 h、15 h)、添加剂含量(1%、5%、10%)，水果品种(苹果、橘子、猕猴桃)请根据正交试验结果，选择最优的工艺条件(表 6-1)。

表 6-1　影响酒品质量的因素

因素水平	温度/℃	时间/h	添加剂含量/%	水果
1	60	5	1	苹果
2	60	10	5	橘子
3	60	15	10	猕猴桃

知识目标

1. 了解正交表的一般知识。
2. 掌握正交表的定义。
3. 理解正交表的代号。
4. 掌握正交表的交互作用表。
5. 掌握正交试验设计的应用。

能力目标

1. 学会应用正交试验设计。
2. 学会正交试验设计的一般步骤和方法。

素质目标

1. 具备爱岗敬业的职业道德。
2. 具备创新思维和实践能力。

一、正交试验

正交试验设计与分析是一种常用的试验方法，其主要思想是将不同因素进行组合，以便每个因素都能得到适当的控制和平衡，从而减少误差并提高试验效率。

由于水平数和列数不同，正交表被分为多种类型。这些类型通常以"L""M""N""O"等字母开头，并跟着一串数字来表示具体参数。使用正交表可以帮助在较少次数的试验中获得尽可能全面的数据信息，从而降低成本并提高效率。

以豆制品为例，如果要设计一组试验来研究不同因素对豆腐口感的影响，可以使用正交表。假设选择了 4 个因素，分别是豆浆浓度、凝固剂种类、凝固剂用量和蒸煮时间，每个因素有两个水平，即高水平和低水平。可以使用 8 阶正交表[即 $L_8(2^4)$]，将这些因素划分到 8 个试验中，每个试验只测试其中一个因素水平的变化，见表 6-2。

表 6-2　不同因素对豆腐口感的影响

试验编号	豆浆浓度	凝固剂种类	凝固剂用量	蒸煮时间
1	低水平	低水平	低水平	低水平
2	低水平	低水平	高水平	高水平
3	低水平	高水平	低水平	高水平
4	低水平	高水平	高水平	低水平
5	高水平	低水平	低水平	高水平
6	高水平	低水平	高水平	低水平
7	高水平	高水平	低水平	低水平
8	高水平	高水平	高水平	高水平

这样的设计，可以在 8 次试验中同时得到不同因素的影响，从而更全面地了解豆腐口感的变化规律。使用正交表可以保证每个因素的水平变化都得到充分的考虑，避免了因素交互影响的干扰。一般正交表的代号如下：

$$L_N(t^q)$$

式中，L 为正交表；N 为试验方案数（正交表的行数）；t 为因素的水平数（或称位级数、处理数）；q 为正交表的列数。

(一)方法步骤

正交试验方法是一种设计试验的方法，其以最少的试验次数探究多个因素对结果的影响。以下是正交试验的步骤。

(1)确定试验因素：根据研究问题的需要，确定需要考虑的试验因素，如原材料、温度和时间等。

(2)确定因素水平：对于每个试验因素，确定几个水平。水平尽可能少，但要足以反映每个因素对试验结果的影响。

(3)构建试验设计表：根据所选水平构建正交试验设计表，确保测试了每个因素的每个水平。

(4)进行试验：按照设计表进行试验，并记录每次试验的结果。

(5)分析数据：使用统计分析方法对试验数据进行分析，得出结论。

以南瓜干配方为例，假设需要探究三个因素对南瓜干质量的影响，三个因素分别为糖的种类(A)、烘烤时间(B)和南瓜泥的含量(C)。

(1)确定因素水平：每个因素需要确定多个水平，以覆盖可能的影响范围。以南瓜干配方为例，假设确定每个因素有两个水平：A 因素为白糖和红糖，B 因素为 30 min 和 60 min，C 因素为 50% 和 70%。

(2)选择正交表：根据因素和水平的数量，选择合适的正交表进行设计试验。以三因素二水平正交表为例，可以得到的试验方案见表 6-3。

(3)进行试验：按照正交表中的试验方案进行试验，记录每个试验的结果。以南瓜干配方为例，可以制作四种不同的南瓜干样品，并记录质量、口感、颜色等指标。

(4)分析数据：采用统计分析的方法，分析每个因素和交互作用对结果的影响。以南瓜干配方为例，可能会发现红糖可以使南瓜干颜色更深，烘烤时间对干度有较大影响，南瓜泥的含量对口感有影响等。

表6-3 南瓜干三因素二水平正交表

试验编号	A	B	C
1	白糖	30 min	50%
2	红糖	60 min	50%
3	白糖	60 min	70%
4	红糖	30 min	70%

(5)优化配方：根据试验结果优化配方，以获得更好的南瓜干质量。以南瓜干配方为例，可以根据试验结果调整糖的种类、烘烤时间等因素，最终得到最佳的南瓜干配方。

正交试验方法可以帮助在最少的试验次数内找到最优的配方组合，提高试验效率和经济性。

(二)注意事项

确定试验因素时，应尽量减少试验数量，同时确保每个因素对结果有重要的影响。确定因素水平时，应选取尽可能少的水平，以缩短试验时间和成本。构建试验设计表时，使用正交表均衡控制每个因素的影响。在进行试验时，确保环境和条件相同，以保证可靠性。分析数据时，使用专业统计软件，并根据结论确定下一步研究方向。

假设一家蛋糕店希望研究影响小蛋糕口感的因素。他们选择了使用的面粉种类、糖粉用量和烘烤时间三个因素，每个因素都有两种水平(A 和 B)。该蛋糕店选择了 2^3 的正交表进行试验，得到的结果见表6-4。

表6-4 小蛋糕口感影响因素正交表

试验编号	面粉种类	糖粉用量	烘烤时间	口感得分
1	A	A	A	80
2	B	A	A	90
3	A	B	A	75
4	B	B	A	85
5	A	A	B	70
6	B	A	B	93
7	A	B	B	68
8	B	B	B	88

表6-4中记录的得分，可以使用正交试验设计方法进行分析，以确定哪些因素对小蛋糕口感的影响最大。

利用正交试验设计表，得出表6-5中的口感得分平均值。

分析得出的平均值，使用B面粉种类、A糖粉用量和B烘烤时间的小蛋糕口感得分最好，而使用A面粉、B糖粉用量和B烘烤时间的小蛋糕口感得分最差。推断因素重要性的最佳方法是计算逐步方差，从中可以了解哪些因素对于结果的变异有最大的贡献。小蛋糕店可以针对重要性高的因素进行进一步研究和改进，从而改善小蛋糕的口感，提高销售额。

表 6-5 口感得分平均值

面粉种类	糖粉用量	烘烤时间	口感得分平均值
A	A	A	75
B	A	A	87.5
A	B	A	71.5
B	B	A	86.5
A	A	B	68.5
B	A	B	90.5
A	B	B	68
B	B	B	88.5

如何解读正交表表示符号?

二、正交表的交互作用表

正交表交互作用是什么?

正交表是一种全因子试验设计方法,旨在减少试验次数,识别所有可能的因素对结果的影响,以确定最佳因素的组合,从而优化产品或过程。利用正交表还可以设计交互作用试验。交互作用是指在两个或更多的因素作用下产生的非线性或复杂的效应。正交试验表可以用来设计交互作用试验,并且可以用交互作用表分析试验结果。

交互作用表是一种用来记录各个因素对结果的影响的工具。在正交试验中,因素分为不同的水平,每个因素的影响分为不同的异构,而交互作用就是在这些异构之间的相互作用。交互作用表中记录了每个因素和异构水平组合的试验数、总体平均数和各组均值等信息,可以用来确定哪些交互作用是显著的。在交互作用表中,通常使用正交试验设计方式中的拉丁方格来建立试验计划,以确保试验结果的准确性和可重复性。

以饼干配方为例,假设要研究三个因素对饼干口感的影响,即面粉种类(A)、烘焙时间(B)和添加剂种类(C)。可以设计一个三因素二水平的正交表,见表 6-6。

在正交表的基础上,可以再加入交互作用项,见表 6-7。

表 6-6　三个因素对饼干口感的影响

试验编号	A	B	C
1	低筋面粉	短时间	无添加剂
2	高筋面粉	长时间	无添加剂
3	低筋面粉	短时间	添加酥油
4	高筋面粉	长时间	添加酥油
5	低筋面粉	短时间	添加酵母
6	高筋面粉	长时间	添加酵母

表 6-7　交互作用表

试验编号	A	B	C	AB	AC	BC	ABC
1	低筋面粉	短时间	无添加剂	＋	－	－	－
2	高筋面粉	长时间	无添加剂	－	＋	－	－
3	低筋面粉	短时间	添加酥油	＋	－	－	－
4	高筋面粉	长时间	添加酥油	－	＋	－	－
5	低筋面粉	短时间	添加酵母	＋	－	－	－
6	高筋面粉	长时间	添加酵母	－	＋	－	－

其中，AB 代表 A 和 B 的交互作用，AC 代表 A 和 C 的交互作用，BC 代表 B 和 C 的交互作用，ABC 代表 A、B、C 三个因素的交互作用。

按照正交表的编号进行试验，并记录每种饼干的口感、外观等指标，然后按统计分析的方法，得出每个因素和交互作用对结果的影响。可能会发现，高筋面粉和长时间的烘焙会使饼干更加酥脆，而添加酥油和酵母可以使饼干更加松软，这些信息对改进饼干配方是非常有帮助的。

三、正交试验分析

正交试验分析是一种有限次试验来确定多个因素对某个结果的影响程度的方法。其主要特点是选择一组正交表格（如拉丁方格或因素水平表），使每个因素都能够在各个水平上等概率出现，从而保证试验的可靠性和精度。

假设想要确定哪些因素会影响咖啡的口感，因素包括咖啡豆的种类、烘焙程度、研磨程度和水温等。为了进行正交试验分析，可以选择一个四因素三水平的正交表格，见表 6-8。

表 6-8　影响咖啡口感的因素

因素	水平 1	水平 2	水平 3
咖啡豆种类	品种 A	品种 B	品种 C
烘焙程度	浅烘	中烘	深烘
研磨程度	粗磨	中磨	细磨
水温	70 ℃	80 ℃	90 ℃

可以进行12次试验（每个因素在每个水平上出现4次），并记录每次试验的咖啡口感得分。可以使用正交试验分析的方法来确定每个因素对口感得分的影响程度，从而得出最佳的咖啡配方。

假设想要确定哪些因素会影响酸奶的口感，因素包括发酵时间、发酵温度、添加糖量和添加果料种类等。为了进行正交试验分析，可以选择一个四因素三水平的正交表格，见表6-9。

表6-9 影响酸奶口感的因素

因素	水平1	水平2	水平3
发酵时间/h	4	6	8
发酵温度/℃	30	40	50
添加糖量/%	0	5	10
添加果料	草莓	蓝莓	桃子

可以进行12次试验（每个因素在每个水平上出现4次），并记录每次试验的酸奶口感得分。可以使用正交试验分析的方法来确定每个因素对口感得分的影响程度，从而得出最佳的酸奶配方。

四、任务实施

正交试验是一种试验设计方法，用于确定不同因素对某一结果的影响程度。正交试验可以在有限次试验中确定最优的试验条件，以获得更好的试验结果。

根据正交试验结果，加工厂生产苹果酒和橘子酒，找出最优的生产工艺条件。

工作任务实施：

(1)根据L_9正交图（四因素三水平）的设计，可以得到以下对应关系：

温度：60 ℃、70 ℃、80 ℃。

时间：5 h、10 h、15 h。

添加剂含量：1%、5%、10%。

水果品种：苹果、橘子、猕猴桃。

(2)对于每个试验条件，进行均值极差分析，结果如表6-10所示。

表6-10 均值极差分析结果

因素	温度	时间	添加剂含量	水果	实验结果
实验1	1	1	1	1	79
实验2	1	2	2	2	83
实验3	1	3	3	3	86
实验4	2	1	2	3	76
实验5	2	2	3	1	75
实验6	2	3	1	2	86
实验7	3	1	3	2	82

续表

因素	温度	时间	添加剂含量	水果	实验结果
实验8	3	2	1	3	88
实验9	3	3	2	1	98
因素水平均值1	82.667	79	84.333	84	
因素水平均值2	79	82	85.667	83.667	
因素水平均值3	89.333	90	81	83.333	
极差	10.333	11	4.667	0.667	

（3）根据均值极差分析表得到结果：温度为70 ℃，时间15 小时，添加剂含量5%，水果选择苹果，得到的结果最理想，下一步进行方差分析和交互效应分析，可得到各因素对结果影响的显著性和主效应因素。根据结果可以选择合适工艺条件来获得最优的生产效果。

任务二　正交试验应用

工作任务描述

某餐厅试图选择最优的甜点菜单，他们认为，主要影响甜点口感的四个因素是甜度（X1）、油脂（X2）、淀粉种类（X3）、烤制时间（X4）（表6-11）。他们选择采用 L_9 正交图（四因素三水平）进行试验。已知三个甜度（低、中、高）、三个油脂含量（低、中、高）、三种淀粉种类（玉米淀粉、小麦淀粉、红薯淀粉）和三个烤制时间（20 min、25 min、30 min），请根据正交试验结果，选择最优的甜点菜单。

表6-11　甜点口感的四个因素

因素水平	甜度	油脂	淀粉	烤制时间/min
水平1	低	低	玉米	20
水平2	中	中	小麦	25
水平3	高	高	红薯	30

学习目标

知识目标

1. 掌握正交试验设计的一般方法。
2. 理解决定试验的因素和水平。
3. 掌握选择适当的正交表、表头设计、填试验表的方法。
4. 了解分析试验结果。
5. 掌握方差分析法。

能力目标
1. 学会正交试验设计的一般方法。
2. 学会选择正交表、表头设计、填试验表。
3. 学会分析试验结果。
4. 学会正交试验方差分析法。

素质目标
1. 具有创新驱动发展、开拓创新思路和实践的能力。
2. 具备团队合作和沟通能力,能够与不同背景和专业的人员进行有效的合作和交流,达成共同的目标。

一、正交试验设计

正交试验设计是一种试验设计方法,可以帮助人们更快速地找到最优解。其原理是将多个因素进行组合,采用一定的计算方法得出最优解。这样可以节省时间和资源,提高试验效率。

例如,在黄瓜冻干配方试验中,可以采用正交试验设计来确定影响黄瓜冻干品质的主要因素(表 6-12),以达到优化配方的目的。

表 6-12 影响黄瓜冻干品质的主要因素

因素	水分含量	添加剂种类	添加剂用量
水分含量水平	低	中	高
添加剂种类	甜味剂	酸味剂	增稠剂
添加剂用量水平	低	中	高

在试验中,每个因素都有 3 个水平,共计 27 种组合。对各组试验数据进行分析,可以确定哪些因素对黄瓜冻干品质存在显著影响,哪些因素对品质影响较小;可以进一步优化配方,找到最佳的黄瓜冻干配方。

二、正交试验分析

在食品生产加工中,正交试验分析的作用主要是统计分析的方法,确定每个因素对产品质量的影响程度,找到最优的配方组合,从而提高产品的质量、减少成本、提高生产效率。正交试验分析可以帮助人们在最少的试验次数内找到最优的解决方案。

以香蕉产量为例,假设需要探究四个因素对香蕉产量的影响,因素分别为土壤肥力(A)、种植密度(B)、施肥量(C)和灌溉量(D)。可以采用四因素二水平正交表设计试验,得到的试验方案见表 6-13。

可以按照正交表中的试验方案进行试验,记录每个试验的结果,如香蕉产量等指标。采用统计分析的方法可以确定每个因素对香蕉产量的影响程度,并找到最优的配方组合。

可能会发现，种植密度对香蕉产量的影响最大，施肥量和灌溉量也对香蕉产量有影响，而土壤肥力对香蕉产量的影响较小。

表 6-13 四个因素对香蕉产量的影响

试验编号	A	B	C	D
1	低肥力	低密度	低施肥	少灌溉
2	高肥力	高密度	高施肥	多灌溉
3	低肥力	高密度	高施肥	少灌溉
4	高肥力	低密度	低施肥	多灌溉

基于试验结果，可以调整土壤肥力、种植密度、施肥量和灌溉量等因素，以获得最佳的香蕉产量。可以采用高密度种植、适量施肥、适量灌溉等方法，以提高香蕉产量。正交试验分析可以帮助优化香蕉产量，提高生产效率和经济效益。

三、案例分析

(一)咖啡口感试验

(1)设计步骤。

1)目的和响应变量：确定哪些因素会影响咖啡口感。

2)试验因素和水平：选择咖啡豆种类、烘焙程度、研磨程度和水温作为试验因素，每个因素选择三个水平。

3)试验方案：选择一个四因素三水平的正交表格。

4)进行试验：按照正交表格进行试验，每个因素在每个水平上进行 4 次试验，记录口感得分。

(2)分析步骤。

1)将所有试验结果进行平均，得到总平均值。

2)对于每个因素，计算在不同水平下口感得分的平均值。

3)对于每个因素，计算不同水平间的平均差异，以及不同因素之间的平均差异。

4)对于每个因素，计算方差和均方，并进行方差分析。

5)根据方差分析结果，计算标准误差。

6)根据标准误差和置信水平，判断每个因素是否显著影响口感得分。

(二)酸奶口感试验

(1)设计步骤。

1)目的和响应变量：确定哪些因素会影响酸奶口感。

2)试验因素和水平：选择发酵时间、发酵温度、添加糖量和添加果料种类作为试验因素，每个因素选择三个水平。

3)试验方案：选择一个四因素三水平的正交表格。

4)进行试验：按照正交表格进行试验，每个因素在每个水平上进行 4 次试验，记录口感得分。

(2)分析步骤。

1)将所有试验结果进行平均,得到总平均值。

2)对于每个因素,计算在不同水平下口感得分的平均值。

3)对于每个因素,计算不同水平间的平均差异,以及不同因素之间的平均差异。

4)对于每个因素,计算方差和均方,并进行方差分析。

5)根据方差分析结果,计算标准误差。

6)根据标准误差和置信水平,判断每个因素是否显著影响口感得分。

学而思

如何对正交试验设计进行方差分析?有什么优缺点?

四、正交试验应用

(一)黄桃冻干食品正交试验设计

1. 正交试验设计

黄桃冻干食品正交试验设计:选择黄桃浓度、糖粉用量、乳化剂用量和干燥温度4个因素,每个因素3个水平。选择一个$L_9(3^4)$正交设计表进行试验(表6-14)。

表6-14 黄桃冻干食品正交试验

试验编号	黄桃浓度/(mg·g^{-1})	糖粉用量/%	乳化剂用量/%	干燥温度/℃
1	350	10	0.5	35
2	350	15	1	45
3	350	20	1.5	55
4	500	10	1	55
5	500	15	1.5	35
6	500	20	0.5	45
7	650	10	1.5	45
8	650	15	0.5	55
9	650	20	1	35

2. 正交试验结果方差分析

假设要分析的响应变量是黄桃冻干食品的口感得分。根据试验结果,计算各个因素在不同水平下的均值和方差,然后分别计算各个因素的方差分析(表6-15~表6-17)。

可以计算各个因素对变化性的贡献,即各试验因素效应分析(表6-18)。

方差分析表明,黄桃浓度、糖粉用量、乳化剂用量、干燥温度对黄桃冻干表现差异不显著,从效应分析得到糖粉用量对口感得分影响最大,其次是乳化剂用量。在进行极差分析后,可得到最佳配方优化组合方案:黄桃浓度650 mg/g、糖粉用量15%、乳化剂用量1%、干燥温度35 ℃。

表6-15 各因素水平及试验结果

试验编号	黄桃浓度/(mg·g^{-1})	糖粉用量/%	乳化剂用量/%	干燥温度/℃	口感得分
1	1	1	1	1	68.00
2	1	2	2	2	85.00
3	1	3	3	3	62.00
4	2	1	2	3	73.00
5	2	2	3	1	92.00
6	2	3	1	2	74.00
7	3	1	3	2	82.00
8	3	2	1	3	80.00
9	3	3	2	1	84.00

表6-16 各因素方差分析

因素	偏差平方和	自由度	F值	F临界值
黄桃浓度	176.22	2	1.01	4.46
糖粉用量	281.56	2	1.62	4.46
乳化剂用量	70.22	2	0.40	4.46
干燥温度	169.56	2	0.97	4.46
误差	697.56	8	—	—

表6-17 各因素对应均值和极差分析

因素	黄桃浓度/(mg·g^{-1})	糖粉用量/%	乳化剂用量/%	干燥温度/℃	口感得分
试验1	1	1	1	1	68.00
试验2	1	2	2	2	85.00
试验3	1	3	3	3	62.00
试验4	2	1	2	3	73.00
试验5	2	2	3	1	92.00
试验6	2	3	1	2	74.00
试验7	3	1	3	2	82.00
试验8	3	2	1	3	80.00
试验9	3	3	2	1	84.00
均值1	71.67	74.33	74.00	81.33	—
均值2	79.67	85.67	80.67	80.33	—
均值3	82.00	73.33	78.67	71.67	—
极差	10.33	12.34	6.67	9.66	—

表 6-18　各试验因素效应分析

因素	均值1	均值2	均值3	效应1	效应2	效应3
黄桃浓度/(mg·g^{-1})	71.67	79.67	82.00	−6.11	1.89	4.22
糖粉用量/%	74.33	85.67	73.33	−3.45	7.89	−4.45
乳化剂用量/%	74.00	80.67	78.67	−3.78	2.89	0.89
干燥温度/℃	81.33	80.33	71.67	3.55	2.55	−6.11

(二)食品正交设计试验分析的应用

正交试验分析是一种统计方法,有限次试验来确定多个因素对某个结果的影响程度。在食品科学领域,正交试验分析被广泛应用于食品配方的优化、工艺参数的调整等方面。

1. 正交试验设计步骤

在进行正交试验分析之前,需要先进行正交试验设计,其主要步骤包括确定试验目的和响应变量。首先,需要明确试验的目的及研究的响应变量(如口感、颜色、味道等)。其次,选择可能影响响应变量的因素和水平,并根据它们来确定试验方案。最后按照正交表格进行试验,记录结果。

2. 正交试验分析步骤

进行正交试验分析时,需要按照以下步骤进行:首先,计算所有试验结果的平均值,得到总平均值;其次,对于每个因素,在不同水平下计算响应变量的平均值,计算各因素之间和不同水平之间的差异,以及方差和均方,并进行方差分析;最后,根据标准误差和置信水平(通常为95%),判断每个因素是否显著影响响应变量。

3. 食品正交设计试验分析的应用

下面用两个食品相关的例题来说明食品正交设计试验分析的应用。

(1)咖啡口感试验。咖啡是一种常见的饮品,其口感受到了广泛的关注。为了提高咖啡口感,需要对咖啡的配方进行优化。将使用正交试验分析来确定哪些因素会影响咖啡的口感,包括咖啡豆种类、烘焙程度、研磨程度和水温等。

1)正交试验设计步骤。

①确定试验目的和响应变量:确定哪些因素会影响咖啡口感。

②选择试验因素和水平:选择咖啡豆种类、烘焙程度、研磨程度和水温作为试验因素,每个因素选择三个水平。

③选择正交表格:选择一个四因素三水平的正交表格。

④进行试验:按照正交表格进行试验(表6-19),每个因素在每个水平上进行4次试验,记录口感得分。

表 6-19　咖啡配方正交试验表

试验序号	咖啡豆种类	烘焙程度	研磨程度	水温/℃
1	品种A	浅焙	碾磨	90
2	品种B	中焙	中磨	90
3	品种C	深焙	细磨	90

续表

试验序号	咖啡豆种类	烘焙程度	研磨程度	水温/℃
4	品种A	浅焙	中磨	80
5	品种B	中焙	细磨	80
6	品种C	深焙	碾磨	80
7	品种A	浅焙	细磨	70
8	品种B	中焙	碾磨	70
9	品种C	深焙	中磨	70

2)正交试验分析步骤。

①计算总平均值：将所有试验结果进行平均，得到总平均值。

②计算各因素的平均值：对于每个因素，计算在不同水平下口感得分的平均值。

③计算各因素的效应：对于每个因素，计算不同水平间的平均差异，以及不同因素间的平均差异。

④分析方差：对于每个因素，计算方差和均方，并进行方差分析。

⑤计算标准误差：根据方差分析结果，计算标准误差。

⑥判断显著性：根据标准误差和置信水平，判断每个因素是否显著影响口感得分。

3)结果分析。根据正交试验分析的结果，可以得到不同因素对口感得分的影响程度，见表6-20。

表6-20 咖啡不同因素对口感得分的影响

因素	平均值1	平均值2	平均值3	效应1	效应2	效应3
咖啡豆种类	7	8	5	1.33	−0.33	−1
烘焙程度	6	8	6	0	1.33	−1.33
研磨程度	8	7	5	−0.33	0.67	−0.33
水温/℃	6	7	7	0	0.33	−0.33

根据效应值的大小，可以得出以下结论。

①咖啡豆种类对口感得分的影响最大，品种A的口感得分最高。

②烘焙程度对口感得分的影响次之，中烘的口感得分最高。

③研磨程度对口感得分的影响较小，中磨的口感得分最高。

④水温对口感得分的影响最小，80 ℃的口感得分最高。

可以得出最佳的咖啡配方为品种A的咖啡豆、中烘的烘焙程度、中磨的研磨程度和80 ℃的水温。

(2)酸奶口感试验。酸奶是一种常见的乳制品，其口感也受到广泛的关注。为了提高酸奶口感，需要对酸奶的配方进行优化。将使用正交试验分析来确定哪些因素会影响酸奶口感，包括发酵时间、发酵温度、添加糖量和添加果料种类等。

1)正交试验设计步骤。

①确定试验目的和响应变量：确定哪些因素会影响酸奶的口感。

②选择试验因素和水平：选择发酵时间、发酵温度、添加糖量和添加果料种类作为试

验因素,每个因素选择三个水平。

③选择正交表格:选择一个四因素三水平的正交表格。

④进行试验:按照正交表格进行试验(表6-21),每个因素在每个水平上进行4次试验,记录口感得分。

表6-21 酸奶配方正交试验表

试验序号	发酵时间/h	发酵温度/℃	添加糖量/g	添加果料种类
1	4	25	10	草莓
2	4	25	30	蓝莓
3	4	30	10	树莓
4	8	30	20	草莓
5	8	25	30	蓝莓
6	8	35	20	树莓
7	12	30	10	草莓
8	12	35	20	蓝莓
9	12	35	30	树莓

2)正交试验分析步骤。

①计算总平均值:将所有试验结果进行平均,得到总平均值。

②计算各因素的平均值:对于每个因素,计算在不同水平下口感得分的平均值。

③计算各因素的效应:对于每个因素,计算不同水平间的平均差异,以及不同因素间的平均差异。

④分析方差:对于每个因素,计算方差和均方,并进行方差分析。

⑤计算标准误差:根据方差分析结果,计算标准误差。

⑥判断显著性:根据标准误差和置信水平,判断每个因素是否显著影响口感得分。

3)结果分析。根据正交试验分析的结果,可以得到不同因素对口感得分的影响程度,见表6-22。

表6-22 酸奶不同因素对口感得分的影响

因素	平均值1	平均值2	平均值3	效应1	效应2	效应3
发酵时间/h	7	6	6	0.67	−0.33	−0.33
发酵温度/℃	6	7	6	−0.33	0.67	−0.33
添加糖量/g	7	5	7	0.67	−1.33	0.67
添加果料种类	7	6	6	0.67	−0.33	−0.33

根据效应值的大小,可以得出以下结论。

①发酵时间4 h对口感得分的影响最大,口感得分最高。

②添加糖量10 g和30 g对口感得分的影响次之,口感得分最高。

③添加果料种类草莓对口感得分的影响较小,口感得分最高。

④发酵温度对口感得分的影响最小,30 ℃的口感得分最高。

可以得出最佳的酸奶配方为：发酵时间为 4 h、添加糖量 10 g 或 30 g、添加果料种类草莓和 30 ℃发酵温度。

五、任务实施

根据正交试验结果，选择餐厅最优甜点菜单。

任务实施：

(1)根据 L_9 正交图(四因素三水平)的设计，可以得到以下对应关系。

1)甜度：低、中、高。

2)油脂含量：低、中、高。

3)淀粉种类：玉米淀粉、小麦淀粉、红薯淀粉。

4)烤制时间：20 min、25 min、30 min。

(2)对于每个试验条件，记录其味道指数并计算平均值，结果见表 6-23～表 6-25。

表 6-23　正交试验结果

因素	甜度	油脂	淀粉	烤制时间	试验结果
试验 1	高	低	玉米	20	85
试验 2	高	中	小麦	25	65
试验 3	高	高	红薯	30	60
试验 4	中	低	小麦	30	88
试验 5	中	中	红薯	20	90
试验 6	中	高	玉米	25	75
试验 7	低	低	红薯	25	70
试验 8	低	中	玉米	30	88
试验 9	低	高	小麦	20	89

表 6-24　正交试验直观分析表

因素	甜度	油脂	淀粉	烤制时间	试验结果
试验 1	1	1	1	1	85
试验 2	1	2	2	2	65
试验 3	1	3	3	3	60
试验 4	2	1	2	3	88
试验 5	2	2	3	1	90
试验 6	2	3	1	2	75
试验 7	3	1	3	2	70
试验 8	3	2	1	3	88
试验 9	3	3	2	1	89
均值 1	70	81	82.667	88	—
均值 2	84.333	81	80.667	70	—
均值 3	82.333	74.667	73.333	78.667	—
极差	14.333	6.333	9.334	18	—

表 6-25 方差分析表

因素	偏差平方和	自由度	F 值	F 临界值
甜度	361.556	2	1.348	4.46
油脂	80.222	2	0.299	4.46
淀粉	144.889	2	0.54	4.46
烤制时间	486.222	2	1.813	4.46
误差	1072.89	8	—	—

（3）根据平均值表格，可以找出味道指数最高的菜单。在该试验中，平均值最高的是：甜度中；油脂含量高或中；淀粉种类玉米淀粉；烤制时间 20 min。方差分析得出四个因素表现均差异不显著，如想要得到四因素间是否有交互作用，需进一步分析主体效应。选择该结果作为最优甜点菜单。值得注意的是，在实际应用中，还需要考虑成本、食材供应等因素，进行综合评价后，才能选出最适合的甜点菜单。

实训　正交试验设计与分析

一、实训目的

对正交试验的设计和分析，了解正交试验的基本原理，掌握正交试验的试验设计、数据处理和分析方法，为生产工艺、产品质量和成本等方面的优化提供依据与方法。培养学生科学设计试验的能力，并掌握使用正交试验设计方法和工具的基本知识与分析技巧，以期达到制定蔬菜饼干配方的目标。

二、实训要求、内容和方法

(一)实训要求

(1)理解正交试验的原理和方法，掌握正交表的使用。
(2)了解生产工艺和产品质量方面的问题，确定正交试验的目标和指标。
(3)按照正交试验设计要求，设计合理的正交试验方案。
(4)试验数据记录要准确、规范和可重复。
(5)采用适当的数据处理和统计方法，对试验数据进行分析与处理。
(6)根据试验结果，提出相应的优化方案和改进建议。

(二)实训内容

(1)了解正交试验设计方法和步骤，掌握选择各个因素及其水平的方法。
(2)设计蔬菜饼干的正交试验，确定影响蔬菜饼干质量的关键因素，并进行试验。
(3)利用正交试验结果，分析各因素对质量影响程度，并根据分析结果改进蔬菜饼干配方。

(三)实训方法

可以利用现有的文献资料,针对蔬菜饼干的制作工艺和配方要求,按照正交试验设计的步骤开展试验。具体方法包括以下几项。

(1)确定试验因素:根据需要研究的问题,确定需要考虑的试验因素,如配比比例、烤制时间、温度、膨胀剂等。

(2)确定因素水平:对于每个试验因素,确定几个水平。水平数应该尽可能少,但足以反映每个因素对质量参数的影响。

(3)构建试验设计表:根据所选水平,构建正交试验设计表,以确保每个因素的每个水平都得到充分的测试。

(4)进行试验:按照设计表进行试验,并记录每次试验的结果。

(5)分析数据:利用正交试验的结果,对试验数据进行分析,并得出结论。如果可能,可以使用统计分析方法对数据进行进一步处理。

三、实训设计

(一)试验设计

现需研制蔬菜饼干生产配方,选择了4个因素,即甘薯粉含量、红薯粉含量、烤制时间和膨胀剂用量,每个因素3个水平。选择一个$L_9(3^4)$正交设计表进行试验(表6-26)。

表6-26 正交设计表

试验编号	甘薯粉含量/g	红薯粉含量/g	烤制时间/min	膨胀剂用量/g
1	50	10	5	1
2	50	20	7.5	2
3	50	30	10	3
4	70	10	7.5	3
5	70	20	10	1
6	70	30	5	2
7	90	10	10	2
8	90	20	5	3
9	90	30	7.5	1

(二)结果分析

假设要分析的响应变量是蔬菜饼干的脆度得分。根据试验结果,对各因素进行极差分析和方差分析(表6-27、表6-28)。

表6-27 各因素方差分析

因素	偏差平方和	自由度	F值	F临界值
甘薯粉含量	40.22	2	0.97	4.46
红薯粉含量	121.56	2	2.93	4.46

续表

因素	偏差平方和	自由度	F值	F临界值
烤制时间	2.89	2	0.07	4.46
膨胀剂用量	1.56	2	0.04	4.46
误差	166.22	8	—	—

表 6-28 各因素对应均值和极差分析

因素	甘薯粉含量/g	红薯粉含量/g	烤制时间/min	膨胀剂用量/g	脆度得分
试验 1	1	1	1	1	86
试验 2	1	2	2	2	82
试验 3	1	3	3	3	77
试验 4	2	1	2	3	91
试验 5	2	2	3	1	85
试验 6	2	3	1	2	80
试验 7	3	1	3	2	90
试验 8	3	2	1	3	87
试验 9	3	3	2	1	83
均值 1	81.67	89.00	84.33	84.67	—
均值 2	85.33	84.67	85.33	84.00	—
均值 3	86.67	80.00	84.00	85.00	—
极差	5.00	9.00	1.33	1.00	—

可以计算各个因素对变化性的贡献，即各因素效应分析（表 6-29）。

表 6-29 各因素效应分析

因素	均值1	均值2	均值3	效应1	效应2	效应3
甘薯粉含量/g	81.67	85.33	86.67	−2.89	0.77	2.11
红薯粉含量/g	89.00	84.67	80.00	4.44	0.11	−4.56
烤制时间/min	84.33	85.33	84.00	−0.23	0.77	−0.56
膨胀剂用量/g	84.67	84.00	85.00	0.11	−0.56	0.44

根据方差分析，各因素对蔬菜饼干的脆度得分的影响差异不显著。通过主效应分析，得出红薯粉含量对蔬菜饼干的脆度影响最大，甘薯粉含量影响次之。在改进蔬菜饼干时，应该优先考虑这两个因素。烤制时间和膨胀剂用量也对蔬菜饼干的脆度得分有一定的影响，可以在考虑其他因素的同时加以优化。根据以上分析得出最佳优化方案：甘薯粉含量 90 g，红薯粉含量 10 g，烤制时间 7.5 min，膨胀剂用量 3 g。如果要研究各因素交互作用，需进行交互效应分析。

四、实训训练

(一)试验材料

甘薯粉、红薯粉、糖、油、鸡蛋、膨胀剂、水。

(二)试验步骤

(1)准备材料,按照设计表中的不同水平取相应的配合比。

(2)将甘薯粉、红薯粉、糖、膨胀剂充分混合,并筛入蛋液中,加入适量的水搅拌均匀。

(3)加入油,不断搅拌,直至面团光滑。

(4)按照设计表的烤制时间和温度进行烤制,记录每组数据。

(5)测量蔬菜饼干的脆度得分。

(三)试验结果

根据以上步骤,得到的试验结果见表 6-30。

表 6-30 试验结果

试验编号	甘薯粉含量/g	红薯粉含量/g	烤制时间/min	膨胀剂用量/g	脆度得分
1	50	10	5	1	86
2	50	20	7.5	2	82
3	50	30	10	3	77
4	70	10	7.5	3	91
5	70	20	10	1	85
6	70	30	5	2	80
7	90	10	10	2	90
8	90	20	5	3	87
9	90	30	7.5	1	83

(四)结果分析

对试验结果的分析可知,蔬菜饼干的脆度得分随着烤制时间的增加而增加。红薯粉含量对蔬菜饼干的脆度得分的影响比其他因素更明显。

基于以上分析,可以得出结论:

(1)调整烤制时间,可以提高蔬菜饼干的脆度得分。

(2)增加红薯粉含量,可以进一步提高蔬菜饼干的脆度得分。

(3)甘薯粉含量和膨胀剂用量对蔬菜饼干的脆度得分有一定的影响,可以在考虑其他因素的同时加以优化。

五、实训总结和评价

(一)实训内容考核

(1)正交试验设计和实施能力的考核。

(2)数据处理和分析能力的考核。

(3)试验结果分析和优化方案提出的能力考核。

(二)实训报告评价

(1)报告结构和逻辑清晰、条理性强。

(2)报告内容全面、准确、翔实,表达方式简洁、明晰、流畅。

(3)数据处理和分析方法合理、有效,结论严谨可靠。

(4)报告自然段落划分紧凑合理,标题恰当简练,段首段尾连贯通畅,有充分的文字材料和相关数据资料、影像资料支撑。

学习了正交试验设计的基本思想和方法,应用正交试验设计对蔬菜饼干的制作工艺和配方进行了优化;对蔬菜饼干质量的影响因素有了更深层次的认识,并掌握了一系列试验设计和结果分析的方法与技巧;不仅增加了试验操作技能,也培养了试验设计和数据分析的能力,为今后的食品科学研究和开发提供了更为科学的方法与思路;更深刻地认识到试验设计对于研究和开发过程的重要性,为未来的学习和实践奠定了基础。

综合训练

一、单选题

1. 正交试验设计的主要作用是( )。
   A. 提高样本量   B. 确定因素对结果的影响程度
   C. 选择最佳方案   D. 确定样本类型

2. 在正交试验设计中,因素数量越多,( )。
   A. 样本量越多   B. 试验方案越简单
   C. 试验方案越复杂   D. 结果越准确

3. 以下是正交试验设计的局限的是( )。
   A. 适用于多因素控制   B. 因素数目越多,样本数目越多
   C. 适用于大样本研究   D. 能够准确反映实际情况

4. 在正交试验设计中,协方差分析的作用是( )。
   A. 确定样本类型   B. 选择最佳方案
   C. 确定因素对结果的贡献程度 D. 分析交互作用

5. 在正交试验设计中,样本量的选择对结果的可靠性至关重要,选择合适的样本量可以( )。
   A. 提高结果的可靠性   B. 降低结果的可靠性
   C. 减少因素的影响   D. 未必影响结果的可靠性

6. 正交试验设计的优点是( )。
   A. 样本量大   B. 数据质量高
   C. 成本低   D. 结果一致

7. 在正交试验设计中，选择不同的因素水平的是（　　）。
   A. 以期获得更精准的结果
   B. 以便做出更好的决策
   C. 为降低成本
   D. 全是正确的
8. 正交试验设计的主要目的是（　　）。
   A. 降低成本
   B. 提高效率
   C. 优化产品设计
   D. 评估风险
9. 正交试验设计中，（　　）是"水平"。
   A. 不同因素的取值
   B. 不同试验条件
   C. 不同测试方法
   D. 不同样本数量
10. 在正交试验设计中，如果将一个因素的水平从3个增加到4个，试验的规模将会（　　）。
    A. 不变
    B. 增加
    C. 减小
    D. 无法确定

二、判断题

1. 正交试验设计的优点之一是可以准确反映实际情况。（　　）
2. 正交试验设计适用于样本量较小的研究。（　　）
3. 正交试验设计能够确定各因素对结果的影响程度和交互作用。（　　）
4. 在正交试验设计中，卡方检验可以用来分析因素间是否存在相关性。（　　）
5. 正交试验设计中样本量的选择对结果的可靠性影响太大。（　　）
6. 正交试验设计中，样本量应该越大越好。（　　）
7. 正交试验设计可以试验数据找出各因素之间的相互作用。（　　）
8. 在正交试验设计中，因素水平之间的变化范围应该尽量小。（　　）
9. 在正交试验设计中，选择最佳方案时应该优先考虑单因素效应。（　　）
10. 正交试验设计可以应用于医药研发、化学工程、食品加工等领域。（　　）

三、简答题

1. 正交试验设计的基本原理是什么？
2. 正交试验设计如何确定因素水平？
3. 正交试验设计样本量选择的原则是什么？
4. 正交试验设计中的协方差分析是什么？
5. 正交试验设计适用于哪些领域？

项目七　试验的设计与实施

引导语

试验的设计与实施在科学研究和工程开发中扮演着至关重要的角色。系统地设计和实施试验可以获得准确可靠的数据，从而验证假设、优化工艺并提高产品质量。以肉制品为例，将介绍试验的设计与实施在产品开发中所起到的作用。

假设要研究不同因素对烤肠口感的影响，可以通过试验的设计与实施来实现。首先，需要确定影响烤肠口感的因素，如肉类配合比、添加剂种类和用量及磨碎程度等。然后，需要设计试验方案，并确定不同因素的水平和试验次数，以获得准确可靠的数据结果。在试验过程中，应控制各个因素的水平，并避免干扰因素对试验结果产生影响。最后，还需要注意随机性和重复性，在保证数据有效性与可靠性的前提下进行分析优化。例如，使用正交试验设计将不同因素组合成一组试验，并根据结果进行分析优化，这样既能大大降低试验次数，又能获得更全面可靠的数据结果，从而更好地指导肉制品配方与生产工艺。

除研究新产品的开发外，试验的设计与实施也可以用于改进和优化产品质量。试验可以确定不同工艺参数对产品质量的影响，并进一步优化工艺流程和操作方法，提高产品品质和竞争力。在肉制品等产品的开发和优化中，试验的设计与实施起着至关重要的作用，能够提高研究和开发效率及精度，并增强市场竞争力。

思维导图

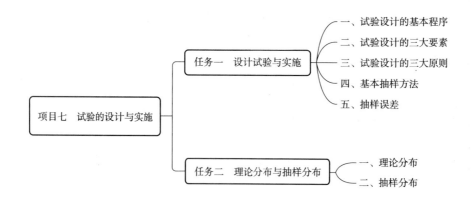

任务一　设计试验与实施

工作任务描述

根据食品试验设计与统计分析相关知识，试设计一份风味面条试验设计与实施方案提供参考。风味面条是一种比较常见的方便面类产品，其口感、香味等因素对消费者的满意度有很大影响。

学习目标

知识目标

1. 掌握试验设计的基本原理和方法。
2. 掌握试验设计的基本程序。
3. 掌握试验设计的三大要素。
4. 掌握试验设计的三大原则。
5. 掌握基本抽样方法。

能力目标

1. 学会试验设计的基本程序。
2. 学会试验设计的三大原则。
3. 学会基本抽样方法。

素质目标

1. 坚持科学发展观，强调科学性和实践性，推动食品试验设计的发展和应用。应具备科学的研究思维和方法，能够将理论知识应用到实际工作中，推动食品行业的健康发展。

2. 能够分析和解读食品相关数据，发现问题和规律，提出有效的建议和解决方案，为食品质量和安全的提升做出贡献。

一、试验设计的基本程序

试验设计的基本程序包括确定试验目的、确定试验方案、进行试验操作、数据处理和结果分析。

(一)具体步骤

(1)确定试验目的：明确试验的目标和预期结果。

(2)确定试验方案：根据试验目的，制订详细的试验计划，包括方法、样品、设备和时间等。

(3)进行试验操作：按照计划执行试验，并记录数据。

(4)数据处理：对数据进行统计分析，如平均值、标准差和相关系数等。

(5)结果分析：根据数据和统计分析结果解释并总结结论。

(二)设计要点

在试验设计过程中，需要注意以下几点：试验设计要合理，以确保试验结果的可靠性和有效性；试验操作要规范，并遵守实验室安全操作规程；试验数据应当准确无误，避免误差和偏差的出现；而对于处理数据和分析结果，则需要科学客观地进行。

(三)案例分析

假设要研究某种食品添加剂对面包品质的影响，具体步骤如下。

(1)确定试验目的：研究添加剂对面包品质的影响，明确试验目的是寻找一种合适的添加剂，提高面包的品质。

(2)确定试验方案：选择不同的添加剂及添加量，分别制作面包样品，对面包的色泽、口感、保水性等指标进行测试比较。

(3)进行试验操作：按照试验方案，分别制作不同添加剂及添加量的面包样品，对面包的各项指标进行测试，记录试验数据。

(4)数据处理：对试验数据进行统计分析，比较不同添加剂及添加量的面包样品，计算各项指标的平均值、标准差等。

(5)结果分析：根据试验数据和统计分析结果，评估不同添加剂及添加量的面包样品的品质，得出结论并提出建议。

二、试验设计的三大要素

试验设计的三大要素包括因素、水平和重复。

(一)试验因素

影响试验结果的变量可以是一个因素或多个因素。需要选择哪些因素进行研究及各个因素的水平。试验因素是影响试验结果的变量，可以是一个因素或多个因素。下面以食品相关实例说明试验设计的试验因素。

研究不同工艺条件对面包品质的影响，试验因素可以包括以下几个方面。

(1)面团配方：面粉种类、添加剂种类和用量等。

(2)加工工艺：面团混合时间、发酵时间、成型方式等。

(3)烘焙条件：烤箱温度、烤制时间等。

(4)保存条件：保存时间、保存温度等。

各因素都会对面包的品质产生影响，试验设计可以确定这些因素对面包品质的具体影响程度，以优化面包制作工艺，提高面包品质。

(二)试验水平

试验水平是指试验因素的不同取值或处理方法，不同水平之间可以进行比较，从而确定因素对试验结果的影响程度。下面以食品相关实例说明试验设计的试验水平。

研究不同加工工艺对蛋糕品质的影响，试验因素为加工工艺，试验水平可以包括以下几个方面。

(1)面糊搅拌时间：短时间、中时间、长时间。

(2)烤制温度：低温、中温、高温。

(3)烤制时间：短时间、中时间、长时间。

(4)烤盘类型：不同材质、不同形状等。

不同的试验水平都会对蛋糕品质产生影响，试验设计可以确定不同试验水平对蛋糕品质的具体影响程度，以优化蛋糕制作工艺，提高蛋糕品质。

(三)试验重复

试验重复是指对同一处理进行多次试验，以减小试验误差和提高试验可靠性。下面以食品相关实例说明试验设计的试验重复。

研究不同保存温度对生鲜果汁品质的影响，试验因素为保存温度，试验水平为低温、中温、高温，试验重复可以采取以下方式。

(1)对每个保存温度进行多次试验，如每个温度下每天取样1次，连续保存7 d。

(2)对于同一批果汁，在不同保存温度下进行试验，如每个温度下每天取样1次，连续保存7 d。

(3)采用不同批次的果汁进行试验，以避免批次间差异对结果的影响。

试验重复的方式可以减小试验误差，提高试验可靠性，确保结果的正确性和可靠性。

三、试验设计的三大原则

学而思

试验设计的三大原则是什么？

试验设计的三大原则是对照、随机、重复。这些原则是为了避免和减少试验误差，取得试验可靠结论所必须始终遵循的。

(一)对照原则

试验设计的对照原则是指在试验中对照组和试验组的设定，以保证试验结果的可靠性和可重复性。对照组是指与试验组相比，只变化一项或不变化任何一项条件的试验组，以验证试验结果的有效性；而试验组则是指在试验中进行试验操作的试验组，用于测试试验假设的变量。

在开发一种新食品时，需要考虑口感因素是否能够得到消费者的青睐。口感因素包括食品的外观、质地、口感等方面。可以采用试验设计来研究这些因素，以此来保证试验结果的可靠性和有效性。

可以从以下几个方面进行试验设计的对照原则。

(1)对照组的设定：在研究食品的外观、质地、口感等方面时，可以将相同种类的食品随机分为两组，其中一组作为对照组，不进行任何处理和加工，只进行常规保存；另一组则是试验组，在常规保存的基础上进行不同处理和加工，以验证试验的有效性。

(2)控制变量的设定：在试验设计中，需要将试验中的其他因素控制在一定范围内，以便对研究变量的影响进行评估。在研究口感方面时，应该将其他因素如食品的成分、产地、保存时间等因素控制在相同的条件下，这样可以确保试验结果的可靠性和有效性。

(3)重复试验的设定：在试验设计中，重复试验可以验证试验结果的可重复性。可以随机选取一批消费者，让他们进行口感测试，以验证试验结果的可重复性。

对照原则的设定，可以保证试验的科学性和可靠性，为研究和开发优质食品提供有效的方法与手段。

(二)随机原则

试验设计的随机原则是指将试验对象、试验方法、试验设备、试验条件等进行随机选取和组合，以消除非变量因素的影响，增强试验结果的可信度和可重复性。

例如，希望研究某种食品中添加不同量的某种调料对人体的健康影响。为了消除非变量因素的干扰，可以采用随机原则进行试验设计。

(1)试验对象的随机选择：可以随机选择一组人群作为试验对象，并将他们分为平均年龄、性别、体重等方面基本相同的多组。

(2)试验方法的随机组合：可以随机组合不同数量的调料与食品的配合比，并将其放入多种试验杯中。这样可以消除人为因素对试验结果的影响，并增加试验结果的可靠性。

(3)试验设备的随机选择：在进行试验时，可以随机选择多个相同型号的试验设备，以避免不同设备的误差和影响。

(4)试验条件的随机控制：试验中的环境条件也很重要，可以控制试验的环境温度、湿度、光线等环境因素，并随机将试验对象放置在相同条件下进行试验。

采用随机原则进行试验设计，总体来说有以下优点：可控制试验误差，增强试验结果的可靠性和准确性；可消除非变量因素的影响，突出研究变量的作用及差异；可提高试验的可重复性，可在同一条件下进行多次独立的试验，以达到精度更高的试验结果；可提高试验的实用性，试验结果所概括的规律具有普适性。

采用随机原则进行试验设计，可以减少试验结果受到非变量因素的干扰，增强试验结果的可信度和可重复性；可以提高对各个变量的认识和理解，并为后续的试验研究提供科学依据。

(三)重复原则

试验设计的重复原则是指在同样的试验条件下，对同一组试验对象进行多次试验观测，以保证试验结果的准确性和可靠性。在食品相关的试验研究中，也同样需要遵循重复原则进行试验设计，现对检验某种进口牛奶的热稳定性能是否达到标准，进行以下试验设计。

1. 试验设计

(1)试验对象的选取：随机选择20瓶进口牛奶为试验对象。

(2)试验处理：将20瓶牛奶进行处理，如加热、冷藏等处理方式，确保所有样品相同。

(3)试验设备准备：准备好相同型号的试管和离心机等设备，以保证数据的准确性和可靠性。

(4)多次测量：将每瓶牛奶分别摇匀后，分5次离心，每次离心后观察牛奶的乳脂层的分离情况,并记录分离时间。

(5)数据处理:根据多次测量的数据,计算出每瓶牛奶的平均分离时间和标准差等数据指标。

在这个试验设计中,采用了重复原则,多次测量每瓶牛奶的乳脂层分离时间,这样可以提高数据的精确度,减少试验误差,并保证试验结果的可靠性。

2. 采用重复原则进行试验设计的优点

(1)有利于筛选异常数据,减少偶然误差,提高试验结果的可靠性。

(2)对试验进行多次测量,有助于确定试验对结果的影响程度,减轻错误引起的结果误解。

(3)可以避免由个别因素的影响所引起的误判,提高试验结果的准确性和可信度。

在进行食品相关的试验研究中,采用重复原则进行试验设计,可以有效提高数据的准确性和可靠性,保证试验结果的精确性和可靠性。

四、基本抽样方法

1. 基本抽样方法有哪些?
2. 如何正确估计抽样误差和样本含量?

在设计一个抽样调查时,通常需要做的工作是定义总体及抽样单元、确定或购置抽样框、选择抽样技术、确定样本量的大小、制订实施细节并实施。这里着重介绍定量研究的抽样方法和样本量两个技术环节。

最基本的定量研究的抽样方法分为两类:一类为非概率抽样;另一类为概率抽样。

(一)非概率抽样

非概率抽样是指在抽取样本时,不是按照每个样本被选中的概率相等的原则进行的抽样方式。非概率抽样是随意性、主观性和可操作性很强的一种抽样方法。常见的非概率抽样方法有方便抽样、判断抽样、定额抽样和滞后抽样等。这些抽样方法都不具有代表性和可比性等重要特征。

非概率抽样方法除可以随机选取个体外,基本上没有按照数学原则的选择方式。非概率抽样方法可能会导致样本的偏离,使样本和总体不完全一致。非概率抽样的主要类型有以下几种。

(1)方便抽样:即依据研究者的个人方便和主观判断选样,这种抽样方法不具有随机性和代表性,样本偏差较大,难以推广到总体上。

(2)判断抽样:即依据一些主观判断选择样本,这种抽样方法的样本也不具有随机性和代表性,可能会导致样本在某些特征上极端集中或偏差太大。

(3)定额抽样:即规定某些群体或区域的样本数量,按照定额比例进行抽样。这种抽样方法可能导致某些区域或群体在样本中过于集中,无法代表总体特征。

(4)滞后抽样:即先根据一定条件选择少数样本,再添加一些类似的样本对样本进行扩充。这种方法可能导致样本偏差较大，不能代表整个总体。

非概率抽样方法的优点是简单、易于实施、成本低等，但是样本很可能不能代表总体，样本抽取的偏差较大，不具有可比性和普适性，在实际应用中价值有限。

例如需要调查某地区大学生的饮食偏好情况，可以按照以下方法操作。

(1)非概率抽样方法：对于此项调查，采取的是方便抽样的方法，即只在方便的地点进行抽样，抽样人员主观判断可能的抽样对象。

(2)试验执行过程：抽样人员在校园中设置调查站，在学生活跃和常出入的地方发放问卷，错过发放问卷的学生则没有被包含在样本中。

(3)分析结果：因为采用的是非概率抽样方法，虽然在方便性和节约时间方面具有优势，但样本不能代表整个人群，所得数据缺乏可比性和代表性，可信度较差。

非概率抽样方法的缺点是无法得到具有代表性的样本，容易引入偏差，不适用于估计全面的人群。在食品相关的研究中，如果使用非概率抽样方法，可能会导致样本输入偏误或存在显著的局限性，从而影响结果的可靠性和精确性。对于食品相关的调查研究，如果要得到符合实际、可比较性的数据，就要尽量采用概率抽样方法，从而得到更准确、可靠的数据。

(二)概率抽样

概率抽样是指按照一定的随机原则，在样本总体中每个样本被选中的概率相等的基础上进行的抽样方法。概率抽样方法可以保证样本具有代表性、可比性、客观性等特征，是科学试验和调查研究中最常用的抽样方法。常用的概率抽样方法包括随机抽样、分层抽样、整群抽样和系统抽样等。

概率抽样的优点是具有无偏性、精确度高、易计算等，但在抽样过程中需要遵循严格的规则，以确保整个采样过程中样本具有代表性。

假设一个农场有10 000棵草莓，想要从中抽取100棵草莓进行品质检测，该如何进行概率抽样呢？

(1)需要确定抽样框架，即从哪些草莓中进行抽样。假设这10 000棵草莓分布在10个区域，每个区域有1 000棵草莓，则可以将每个区域视为一个抽样单元，从中随机选择10个抽样单元进行抽样。

(2)需要确定抽样方法和概率规则。人们常采用的方法是随机抽样，即从每个抽样单元中随机抽取10棵草莓进行品质检测，每棵草莓被选中的概率相等，为1/1 000。

(3)需要进行样本选择和抽样实施。根据抽样方法和概率规则，可以使用随机数表或者计算机程序生成随机数，以此来选择每个抽样单元中的草莓样本。

概率抽样可以保证样本的代表性和可靠性，从而得出对总体的推断和结论。

1. 随机抽样

随机抽样是概率抽样方法中的一种，即按照一定的随机原则，在样本总体中随机抽取样本的方法。随机抽样方法能够确保样本具有代表性和可比性，是科学试验和调查研究中最常用的抽样方法。

随机抽样的优点是能够减小样本误差，使样本数据更加客观、科学，能够使样本与总体的特征更加接近；同时，具有互相独立、代表性强、抽样误差小等优点。但是随机抽样也存在一些困难,例如需要耗费较多的时间和成本进行样本抽取,也可能难以获得完全随机抽样的条件。

随机抽样是酿酒行业中常用的品质检测方法之一,从整批产品中随机抽取一定数量的样本进行化验,以评估整批产品的品质水平。

在酿酒过程中,需要对酿造的啤酒进行品质检测,以保证产品质量。现有一批啤酒共10 000瓶,需要进行品质检测。为了保证检测结果的可靠性和代表性,需要进行随机抽样,确定样本数量和抽样方法。

(1)确定样本数量:样本数量的确定应该考虑整批产品的大小、生产工艺、检测指标等因素。样本数量应该足够大,以保证检测结果的可靠性和代表性。假设样本数量为200瓶。

(2)确定抽样方法:抽样方法应该具有随机性,以保证样本的代表性。假设采用简单随机抽样方法,即从整批产品中随机抽取200瓶样本进行检测。在抽样过程中要注意避免重复抽样和漏抽的情况发生,以保证样本的随机性和代表性。

(3)进行化验检测:对抽取的样本进行化验检测,包括外观、口感、酒精度、苦味等指标。统计和分析样本检测结果,确定整批产品的品质水平,并采取相应措施进行调整和改进。

在酿酒过程中,随机抽样是保证产品质量的重要手段之一。为了保证样本的代表性和可靠性,采用了200瓶样本的抽样数量,并采用简单随机抽样的方法进行抽样,避免了主观性和偏差的影响。在进行化验检测时,需要注意对不同指标的检测,以全面了解整批产品的品质水平,从而采取相应的措施进行调整和改进。

2. 分层抽样

分层抽样是指根据总体的特征属性将总体分为多个层次,在每一层次内采用简单随机抽样的方法,从该层次中选取一定数量样本的抽样方法。分层抽样方法使样本更具代表性和可比性,能够减少误差,并且减少了样本数量的要求。

这个方法可将每个层面的特征充分考虑,从而减少样本误差。

例如需要调查某农业区的苹果、香蕉和橙子等水果销售情况与价格水平,可以按以下方法操作。

(1)分层抽样方法:在该项调查中,采用的是分层抽样方法,其中第一层是水果种类,包括苹果、香蕉和橙子;第二层是各水果的价格范围,如苹果2~3元、3~4元、4~5元等。

(2)试验执行过程:首先,根据苹果、香蕉和橙子等水果的不同,将总体分为不同的层次。其次,根据每种水果价格的不同,将各层次继续划分为更小的分层。最后,利用分层情况及其分布率计算出每一分层所要抽取的样本数量,再在每一分层内使用简单随机抽样的方法进行样本选择,即在每一层上选取相应的样本。

(3)分析结果:采用分层抽样方法,所得到的样本可以提高样本的代表性和可比性,而且减少了样本数量的要求。在分析结果时,对应不同的层次可以对数据进行详细的描述,同时,这些数据还可以被用来推断总体的特征和趋势,为制定市场营销策略和预测市场走势提供帮助。

使用分层抽样方法进行农产品调查研究,可以提高样本的代表性和可比性,减少样本数量的要求,更好地反映实际情况,在不同的分层范围中分别进行随机抽样。分层抽样方法在农产品调查研究中有重要的应用,尤其在样本数量较少和关注多个指标的情况下更加适用。

3. 整群抽样

整群抽样是指将总体按其自身特征划分为若干个群体，然后在这些群体中随机选择一部分群体，将所选择群体中的全部个体作为样本的抽样方法。整群抽样方法适用于总体比较分散的情况，可大大降低样本抽取成本和工作量。

整群抽样的优点是操作相对简单，适用于人群比较分散、分群比较明显的群体，可以节约调查成本。整群抽样也存在一些缺点，如样本与总体不匹配可能会导致调查数据存在偏差，难以达到随机抽样的精度要求。

例如调查某农产品生产区域内不同农场的收成情况，可以按以下方法操作。

（1）整群抽样方法：在该项调查中，采用的是整群抽样方法，其中农场是群体。

（2）试验执行过程：根据总体情况划分该生产区域内的不同农场，并计算得到每一农场占总收成的比例。从这些农场群体中随机选择一些作为样本，对选中的农场全部进行观察和调查。

（3）分析结果：可以得到各农场的收成情况和收成比例，进而推断总体收成的情况。同时，还可以根据各农场的实际情况，提出相应的建议和改进措施。

采用整群抽样方法进行农产品调查研究，能够降低样本抽取成本和工作量。整群抽样方法适用于需要降低样本数量和成本的情况，尤其在大规模的调查研究中更具优势。

4. 系统抽样

系统抽样是在总体中按照一定的规律取样，以保证样本具有一定的代表性和随机性，在随机抽样和非随机抽样之间的一种抽样方法。其抽样方法为确定需要的样本容量，根据总体大小，按照固定的间隔从第一单位开始逐步选择样本。

例如调查某地区有机蔬菜的价格水平和销售情况，可以按以下方法操作。

（1）系统抽样方法：在该项调查中，采用的是系统抽样方法。确定需要的样本容量，然后根据总体规模计算得到的间隔，从第一个样本元素开始，以固定的间隔选取样本。

（2）试验执行过程：在该项调查中，假设总体规模为500个，需要选取100个样本，则每隔500/100=5个单位就选取一个样本，在总体中从第1个单位开始，每隔5个单位就选取1个样本，即第1、6、11……单位依次取样。

（3）分析结果：可以得到样本的价格和销售情况，然后对样本数据进行分析，推断总体的价格和销售情况。

使用系统抽样方法进行调查，能够提高样本的代表性和随机性，简化样本抽取的过程。系统抽样方法是保障样本追踪性并减少人为干扰的有效方法，应用广泛，尤其在大型样本选取中更加实用。

系统抽样方法是一种常用的抽样方法，在农产品调查研究中也有广泛的应用。

五、抽样误差

抽样误差是指样本选择不够随机或样本数量不足等原因导致的统计结果与真实数据之间的误差。假设某个地区有1 000个花生种植户，为了统计该地区的花生总产量，随机选择了100个种植户进行调查。如果这100个种植户恰好都是产量较高的种植户，那么统计结果可能会高估实际花生总产量；如果这100个种植户都是产量较低的种植户，那么统计结果可能会低估实际花生总产量。这就是抽样误差造成的影响。

如果增加样本数量，如选择 200 个种植户进行统计，那么由于样本更加全面和随机，统计结果可能更加接近实际花生总产量；反之，如果只选择 50 个种植户进行统计，那么统计结果可能会更加不准确，因为样本数量太少，无法代表整个种植户的总体。

抽样误差在食品统计学中是一个非常重要的因素，会对统计结果的准确性和可靠性产生影响。为了尽可能减少抽样误差，需要选择足够随机的样本，以及尽可能多的样本数量，以确保统计结果的准确性和可靠性。

假设某市场调查机构想要了解市场上某种食品的销售情况。他们采用抽样的方式，从市场上抽取了 100 个销售点，并对这些销售点的销售情况进行调查。在数据分析过程中，他们发现有一些销售点的数据比较异常，例如某些销售点的销售额非常高，而其他销售点的销售额非常低。这种情况可能是由于样本选择不具有代表性，或者数据收集过程中存在误差。为了避免这种情况，他们可以采用增加样本容量、改进样本选择方法、加强数据收集过程中的质量控制等方式来降低抽样误差。

六、任务实施

根据工作任务描述，草拟一份风味面条试验设计与实施方案，供参考。

(一)确定试验因素和水平

(1)面条品种：普通面条、荞麦面条、红薯面条。

(2)调料种类：五香味、辣味、酸辣味。

(3)调料用量：低用量、中等用量、高用量。

(二)设计试验方案

(1)采用 $L_9(3^4)$ 正交表设计试验，共 9 个试验。

(2)将试验因素分别分配到不同试验中，每个试验只改变一个因素水平。

(3)重复每个试验 3 次，以保证数据的可靠性。

(三)实施试验

(1)制备面条：采用相同的原料和工艺，制作 3 种不同品种的面条。

(2)制备调料：制作五香味、辣味、酸辣味三种调料，分别调配低用量、中等用量、高用量三种水平。

(3)进行试验：按照正交表的设计进行试验，每个试验重复 3 次，记录面条的口感、香味等指标。

(4)分析数据：统计和分析试验结果，确定不同因素对口感、香味等指标的影响程度，并确定最佳的配方组合。

(四)方案解释

该试验方案采用了 $L_9(3^4)$ 正交表进行设计，每个试验只改变一个因素水平，重复 3 次，从而得到全面、可靠的数据。试验因素包括面条品种、调料种类和用量，可以全面考虑不同因素的影响，从而得到最佳的配方组合。在实施试验过程中，需要控制好试验条件和方法，确保数据的可靠性和有效性。

任务二　理论分布与抽样分布

工作任务描述

现有一个包含20个袋装果冻的批次，其中10个是原味，10个是草莓味。从批次中抽取一个数量为5的样本，记录其中原味果冻袋数为 x。

(1) $x=3$ 的概率是多少？

(2) $x \leqslant 2$ 的概率是多少？

学习目标

知识目标

1. 了解离散分布的知识理论和应用技能。
2. 掌握连续分布的知识理论和应用技能。
3. 掌握抽样分布的相关知识理论。

能力目标

学会离散分布和连续分布的使用技能。

素质目标

1. 坚持以人民为中心的发展思想，关注食品安全和健康问题，保障人民的食品安全权益。
2. 认识到食品安全和健康对人民的重要性，利用食品试验相关知识和技能为人民健康和安全做出贡献。
3. 掌握常见的调查方法，能够熟练地设计问卷调查、抽样调查等实际调查方案，并能够进行数据收集和整理。

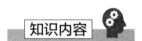

一、理论分布

理论分布是指根据概率统计理论得出的一组分布函数，用于描述随机变量的分布情况。正态分布、泊松分布和二项分布等都是常用的理论分布。

假设对某个地区的马铃薯质量进行统计，抽取了 100 个马铃薯进行称重，得到平均值为 200 g，标准差为 20 g。这个数据符合正态分布的特征，因为正态分布是一种连续的、钟形的分布，符合大部分实际数据的规律。可以用正态分布的公式来计算不同质量区间的概率分布，从而分析统计结果的可靠性和精确性。

可以计算出在平均值(200 g)附近的马铃薯数量的概率，以及在平均值左右 20 g 的范围内的马铃薯数量的概率等。这样的分析可以帮助人们更好地理解数据的分布情况，从而采取更加有效的措施来提高产量和质量。

理论分布在食品统计学中是一个非常重要的工具，可以帮助人们更好地理解数据的分布情况，提高统计结果的可靠性和精确性。理论分布在食品生产与研发中具有广泛的应用，有助于人们更好地理解产品的质量特性和生产过程中的概率问题，为提高食品质量和生产效率提供支持。

(一)离散分布

1. 离散分布理论的应用

离散分布理论可以用于研究各种农产品的数量、次数、概率等问题。以下举例说明离散分布理论的应用。

某食品加工厂生产一批蛋糕，每个蛋糕中出现不良口感的概率为0.02。现在从这批蛋糕中随机抽取50个，问其中不良口感的蛋糕数量不超过2个的概率是多少？

根据题目描述，需要研究的随机变量是50个蛋糕中不良口感的蛋糕数量，可以选择二项分布来描述该随机变量的概率分布，即$B(50，0.02)$。

根据二项分布的公式，可以计算出不良口感的蛋糕数量不超过2个的概率为$P(X\leqslant 2)=\sum P(X=k)$，其中$k=0，1，2$。

代入二项分布的公式得

$$P(X=k)=C_n^k\times p^k\times (1-p)^{n-k}，k=1，2，3，\cdots，n$$

$$P(X\leqslant 2)=P(X=0)+P(X=1)+P(X=2)$$

$$P=C_{50}^0\times 0.02^0\times (1-0.02)^{50}+C_{50}^1\times 0.02^1\times (1-0.02)^{49}+C_{50}^2\times 0.02^2\times (1-0.02)^{48}=0.08$$

从这批蛋糕中随机抽取50个，不良口感的蛋糕数量不超过2个的概率约为0.08，属于比较小的概率，说明这批蛋糕质量是可靠的。

离散分布理论可以用于各种食品相关的研究和分析，帮助更好地了解食品质量，为食品生产和管理提供科学依据。

2. 离散分布理论的应用步骤

(1)确定随机变量：需要明确要研究的问题中涉及的随机变量是什么，例如在研究酱油生产过程中，可能需要研究的随机变量是生产批次中不合格产品的数量。

(2)确定概率分布：根据问题的特点和随机变量的性质，可以选择合适的离散分布来描述随机变量的概率分布。例如在研究酱油生产过程中，如果要研究的是不合格产品的数量，可以选择二项分布或泊松分布来描述该随机变量的概率分布。

(3)计算概率：根据概率分布的公式，可以计算各种情况下的概率。例如在研究酱油生产过程中，如果使用二项分布来描述不合格产品的数量，可以二项分布的公式计算某一批次中不合格产品数量为k的概率。

(4)分析结果：对概率进行计算和分析可以得出对问题的理解和结论。例如在研究酱油生产过程中，如果计算出某一批次中不合格产品数量为k的概率很大，就可以考虑采取相应的措施来改进生产过程，以减少不合格产品的产生。

下面以酱油生产过程中的不合格产品数量为例，说明离散分布理论的应用步骤。

假设某酱油生产厂家生产一批酱油，每瓶酱油不合格的概率为0.02。现在从这批酱油中随机抽取100瓶，问其中不合格的瓶数不超过3瓶的概率是多少？

根据题目的描述，需要研究的随机变量是100瓶酱油中不合格的瓶数，可以选择二项分布来描述该随机变量的概率分布，即 $B(100, 0.02)$。

根据二项分布的公式，可以计算出不合格瓶数不超过 3 瓶的概率如下：

$P(X \leqslant 3) = \sum P(X=k)$，其中 $k=1, 2, 3$。

代入二项分布的公式，得到：

$$P(X \leqslant 3) = P(X=1) + P(X=2) + P(X=3)$$

$P = C_{100}^{1} \times 0.02^1 \times (1-0.02)^{99} + C_{100}^{2} \times 0.02^2 \times (1-0.02)^{98} + C_{100}^{3} \times 0.02^3 \times (1-0.02)^{97} \approx 0.859\ 0$

从这批酱油中随机抽取 100 瓶，不合格瓶数不超过 3 瓶的概率约为 0.859 0，属于较大的概率，说明这批酱油质量不可靠。

(二)连续分布

1. 连续分布理论的应用

连续分布理论是概率论中的一个重要分支，主要用于研究随机变量取值为连续区间的情况。以下举例说明连续分布理论的应用。

某食品厂生产的某种饮料的每瓶含量服从正态分布，平均含量为 500 mL，标准差为 10 mL。问一瓶饮料的含量在 495～505 mL 的概率是多少？

根据题目描述，需要研究的随机变量是饮料的含量，可以选择正态分布来描述该随机变量的概率分布，即 $N(500, 10)$。

根据正态分布的公式，可以计算出一瓶饮料的含量在 495～505 mL 的概率如下：

$$P(495 \leqslant X \leqslant 505) = \Phi(0.5) - \Phi(-0.5)$$

式中，$\Phi(z)$ 为标准正态分布的累积分布函数；z 为标准正态分布的变量。

代入标准正态分布表，得到 $\Phi(0.5) \approx 0.691\ 5$，$\Phi(-0.5) \approx 0.308\ 5$，则

$$P(495 \leqslant X \leqslant 505) \approx 0.691\ 5 - 0.308\ 5 = 0.383\ 0$$

一瓶饮料的含量在 495～505 mL 的概率约为 0.383 0，属于比较大的概率，说明该批饮料的含量比较稳定。

连续分布理论可以用于各种食品相关的研究和分析，帮助更好地了解食品质量，为食品生产和管理提供科学依据。

2. 连续分布理论的应用步骤

连续分布理论可以用于研究各种果汁相关的数量、概率等问题。以下是连续分布理论的应用步骤，并举例说明。

(1)确定研究的随机变量和概率分布。根据问题的描述，确定需要研究的随机变量和概率分布。常见的连续分布包括正态分布、t 分布、F 分布、卡方分布等。

某果汁厂生产的某种果汁的含糖量服从正态分布，平均含糖量为 10 g/100 mL，标准差为 0.5 g/100 mL。现在需要计算一瓶果汁的含糖量在 9.5 g/100 mL～10.5 g/100 mL 的概率是多少？

根据题目描述，需要研究的随机变量是果汁的含糖量，可以选择正态分布来描述该随机变量的概率分布，即 $N(10, 0.5)$。

(2)确定需要计算的概率。根据问题的描述，确定需要计算的概率，即所研究的随机变量在某个区间内的概率。

需要计算一瓶果汁的含糖量在 9.5 g/100 mL～10.5 g/100 mL 的概率。

(3)计算概率。根据所选的概率分布和所需计算的概率,计算出所需的概率。

根据正态分布的公式,可以计算出该概率如下:
$$P(9.5 \leqslant X \leqslant 10.5) = \Phi(1) - \Phi(-1)$$

式中,$\Phi(z)$为标准正态分布的累积分布函数;z为标准正态分布的变量。

代入标准正态分布表,得到$\Phi(1) \approx 0.8413$,$\Phi(-1) \approx 0.1587$,则
$$P(9.5 \leqslant X \leqslant 10.5) \approx 0.8413 - 0.1587 = 0.6826$$

一瓶果汁的含糖量在 9.5 g/100 mL~10.5 g/100 mL 的概率约为 0.682 6,说明该批果汁的含糖量比较稳定。

二、抽样分布

抽样分布理论是研究样本统计量分布规律的理论体系,建立在对总体进行抽样的基础上,是统计学中一个重要的分支,为统计推断提供了理论基础。

抽样分布理论常使用样本均值、样本比例和样本方差等统计量。当总体分布已知时,对所有可能的样本进行统计量的计算,所得到的统计量的分布规律被称为抽样分布。

t 分布、F 分布和卡方分布是常见的抽样分布。在实际应用中,抽样分布理论可以用于估计总体参数、检验假设和构建置信区间等。

(一)抽样分布用于样本均值的推断

在总体均值和标准差已知的情况下,可以使用抽样分布理论计算样本均值的置信区间和假设检验的 P 值。

假设需要研究某地区豇豆的平均长度,但是由于豇豆数量太多,无法对每个豇豆进行测量。需要从豇豆中随机抽取一部分,然后对这部分豇豆进行测量,从而估计整个豇豆总体的平均长度。

豇豆的长度是所研究的随机变量,豇豆总体的平均长度是所需要估计的总体参数。为了估计这个参数,需要从豇豆中抽取一个样本,并计算出样本均值。因为只能观察到样本的均值,而无法知道整个豇豆总体的均值,因此,需要使用抽样分布理论来推断总体参数。

假设抽取了 50 颗豇豆进行测量,得到样本均值为 10 cm,样本标准差为 1.5 cm。假设豇豆的长度服从正态分布,可以使用 t 分布来计算样本均值的置信区间和假设检验的 P 值。假设显著性水平为 0.05,双侧检验。

首先,需要计算样本均值的抽样分布为 t 分布,自由度为 $n-1=49$。根据 t 分布的公式,可以计算出样本均值的标准误差如下:
$$\text{SE} = S/\sqrt{n} = 1.5/\sqrt{50} = 0.2121$$

可以计算出样本均值的置信区间如下:
$$10 \pm t(0.025, 49) \times 0.2121$$

式中,$t(0.025, 49)$为 t 分布在 0.025 的双侧显著性水平下,自由度为 49 的 t 值。

查附表 2 可得,$t(0.025, 49) \approx 2.01$,则置信区间为(9.57, 10.43)。

可以认为,在 95% 的置信水平下,豇豆总体的平均长度落在(9.57, 10.43)。

需要进行假设检验来判断样本均值是否能够代表整个豇豆总体的平均长度。假设豇豆

总体的平均长度为 10 cm，零假设为 H_0：$\mu=10$，备择假设为 H_1：$\mu\neq10$。根据 t 分布的公式，可以计算出样本均值的 t 统计量如下：

$$t=(x-\mu)/(S/\sqrt{n})=(10-10)/(1.5/\sqrt{50})=0$$

由于双侧检验，需要计算出在 t 分布自由度为 49 的条件下，t 值在 -2.01 和 2.01 之外的概率。查附表 2 可得，$P(t<-2.01)=0.025$，$P(t>2.01)=0.025$。可以计算出 P 值如下：

$$P=2\times P(t>2.01)=2\times0.025=0.05$$

因为 t 值小于显著性水平 0.05，所以可以拒绝零假设，认为样本均值不代表豇豆总体的平均长度。需要继续收集更多的豇豆数据，以更好地估计豇豆总体的平均长度。

(二)抽样分布用于样本比例的推断

在总体比例已知的情况下，可以使用抽样分布理论计算样本比例的置信区间和假设检验的 P 值。

假设想要确定一批提交的花生中有多少比例是有虫害的。如果对整批花生进行抽样，并对样本中的花生进行分类，那么可以使用抽样分布来估算总体花生中有虫害花生数量的比例。

假设有一批 5 000 kg 的花生，随机抽取其中的 50 kg 进行检查，发现有 5 kg 的花生有虫害。希望用这个样本推断出总体花生中有虫害的比例。

可以假设有虫害的花生的比例为 P，P 值未知。基于样本，可以计算一个估计值，即样本比例：

$$P=5/50=0.1$$

根据中心极限定理，当 n 足够大时，P 将近似于一个正态分布，其均值为 P，标准误差如下：

$$SE(P)=\sqrt{P(1-P)/n}$$

不知道 P 值，所以可以用 P 来近似替代。于是，95% 的置信区间可以用下公式计算：

$$P\pm1.96\times SE(P)$$

代入 n、P 和 1.96，可以得到该置信区间的下限和上限：

$$0.1\pm1.96\times\sqrt{0.1\times0.9/50}=0.016\ 9\sim0.183$$

可以得出结论，在 95% 的置信水平下，总体花生中有虫害的比例应该在 1.69%～18.3%。

结论可能是有偏差的，并且还要考虑样本中的抽样误差和非抽样误差。但是，这个例子说明了抽样分布的用途：在不必要浪费资源和时间的情况下，从样本推断总体。

(三)抽样分布用于样本方差的推断

在总体分布已知的情况下，可以使用抽样分布理论计算样本方差的置信区间和假设检验的 P 值。

假设要分析某酱油公司的产出质量，对每个生产批次的样本进行测量，并计算出样本方差，以此来推断总体方差。

假设随机选取了 10 个生产批次的酱油，测量它们含盐量的方差为 0.040。现在希望利用这个样本方差来判断总体的含盐量方差。

根据抽样分布的理论，当样本容量 n 足够大时，样本方差 S^2 将近似于一个服从自由度为 $n-1$ 的卡方分布。可以使用卡方分布来推断总体方差。

具体而言,可以计算出一个置信区间,即在这个置信区间范围内,总体方差有95%的概率被覆盖。置信区间计算式如下:

$$[(n-1) \times S^2)]/\chi^2(1-\alpha/2, n-1) \leqslant \sigma^2 \leqslant [(n-1) \times S^2]/\chi^2(\alpha/2, n-1)$$

式中,n 为样本数量;S^2 为样本方差;α 为显著性水平。

样本容量为10,样本方差为0.040,假设显著性水平为0.05。需要查找自由度为9的卡方分布表,找到两个关键值:$\chi^2(0.025, 9) \approx 2.70$ 和 $\chi^2(0.975, 9) \approx 19.02$,代入上述置信区间公式得

$$(9 \times 0.040)/19.02 \leqslant \sigma^2 \leqslant (9 \times 0.040)/2.70$$
$$0.019 \leqslant \sigma^2 \leqslant 0.133$$

在95%的置信水平下,总体的含盐量方差应该在0.019~0.133。这个区间是利用样本方差得到的估计值,用来判断总体的方差区间的范围。需要注意的是,这个区间仅仅是在样本方差下的一个估计值,实际情况中还有很多不确定性和误差,需要综合考虑。

三、任务实施

根据工作任务描述,首先可以确定,这是一个二项分布。

设 x 表示样本中原味果冻袋数,p 表示原味果冻袋数在总样本中的概率(即 $p=10/20=0.5$)。进行 $n=5$ 次独立重复试验,原味果冻袋数 x 服从二项分布 $B(n, p)$。

(1) $P(x=3) = C_5^3 \times 0.5^3 \times 0.5^{5-3} = 0.3125$。

(2) $P(x \leqslant 2) = P(x=1) + P(x=2)$
$= C_5^1 \times 0.5^1 \times (1-0.5)^4 + C_5^2 \times 0.5^2 \times (1-0.5)^3 = 0.5$。

$x=3$ 的概率是 0.3125,$x \leqslant 2$ 的概率是 0.5。

实训一　设计试验与实施方案

一、实训目的

了解试验设计的基本原则和方法,掌握试验方案初步设计、样本选取、样本分组、试验实施、数据收集和试验结果分析等试验操作技能,培养试验设计和实施能力,提高试验数据的质量和可靠性。学会优化蔬菜面条的配方、试验设计原理和方法;掌握响应面分析和试验设计的基本步骤;熟练运用试验数据处理和分析技巧,以确定最佳配方。

二、实训要求、内容和流程

(一)试验要求

(1) 理解试验设计的基本原理和方法,掌握试验方案设计的技能。
(2) 了解各种试验设计类型的特点,为合理选择合适的试验设计类型打下基础。
(3) 了解试验样本选取和分组的方法、标准和过程。
(4) 能够熟练使用试验仪器设备和试验工具,掌握操作技巧和注意事项。

(5)能够进行试验数据统计、分析和处理，并得出相关结论。

(6)能够根据试验结果，提出相关的研究结论和应用建议。

(二)实训内容

(1)试验设计方法：阅读试验文献、调查相关信息、进行试验前的思考、讨论和交流等方式，了解试验设计的目的、步骤和要素，设计合适的试验方案，为后续试验操作打下基础。

(2)样本选取和分组方法：根据试验设计的目的和要求，选择合适的样本来源，确定样本的数量、特征和属性等，进行合理的分组和随机分配，以降低试验误差和提高试验效果。

(3)试验操作技能：根据试验方案的要求和设计，按照规范化、标准化、精准化的要求，进行试验准备、仪器校准和数据采集等操作，保证试验数据精确性、可靠性和准确性。

(4)数据收集和结果分析：采用合适的数据采集和处理方法，对试验数据进行分析和处理，得出科学、准确、可靠的试验结果，为进一步的研究或应用提供依据。

(三)实训流程

(1)试验目的和研究问题：了解试验目的和研究问题，明确研究试验的目标和要求。

(2)试验设计和方案：根据试验目的和研究问题，设计可行的试验方案，包括试验对象、试验方法和实施步骤等。

(3)样本选取和分组：选取合适的样本，对样本进行分组和随机分配，以满足试验变量之间的独立性。

(4)试验操作和数据采集：按照试验方案的要求，进行试验操作和数据采集，保证试验数据的准确性和可靠性。

(5)数据处理和分析：对试验数据进行采集和处理，得到试验结果。采用适当的统计方法和工具，对试验数据进行数据分析和结果解读。

(6)结论和优化：根据试验结果，得出试验结论和优化方案，为相关研究和应用提供有益参考。

三、实训训练

(一)试验设计

(1)试验文献和案例资料：自然科学、社会科学和工程应用相关领域的试验研究。

(2)理论学习部分：蔬菜面条成分及其作用；蔬菜面条配方设计原理；响应面设计方法；单因素试验和熟练使用统计软件进行试验设计及统计分析。

(3)选择关键因素：蔬菜配合比、淀粉配合比、水分含量、胶原蛋白添加量。

(4)对5个关键因素分别设置3个不同水平(低、中、高)，设计15个试验组。

(5)按照设计方案进行蔬菜面条配方的制作。

(6)统计化验结果，利用响应面方法建立统计模型，得出各因素对品质的主要影响因素；最优配方组合确定。

(7)试验结果分析：试验结果表明，采用最优配方组合——玉米淀粉50 g、西兰花配合比10%、水分含量28%、胶原蛋白添加量0.5 g和糯米淀粉50 g，蔬菜面条的口感和质量明显优于以往的配方，同时成本降低10%左右。这种方法有望提高企业的竞争力。

(二)理论部分

1. 相关概念

蔬菜面条是以面粉为主料，添加适量蔬菜、香料和调味品制成的食品，是一种既营养又美味的健康食品。在实际生产过程中，如何优化配方，提高质量和降低成本，是一个重要的问题。

2. 试验设计方法

在蔬菜面条的配方优化中，采用响应面设计(RSM)进行试验设计，选择5个关键因素，即面粉配合比、蔬菜配合比、水分含量、胶原蛋白添加量和糯米淀粉配合比。建立统计模型，确定最优配方组合，以提高蔬菜面条的口感和质量，降低成本。

3. 统计分析方法

试验数据使用多元回归分析，结合响应面分析方法，确定各因素对面条口感和质量的影响。对于每个因素的试验组数据，使用方差分析(ANOVA)方法进行比较，统计各因素的主效应和交互作用效应，最终确定最优配方组合。

(三)实践操作部分

1. 试验材料和设备

试验材料包括面粉、玉米淀粉、糯米淀粉、蔬菜(如西兰花、胡萝卜)、油、盐、胶原蛋白粉等。试验设备包括电磁炉、电子天平、搅拌器、压面机等。

2. 试验设计和实施

(1)确定试验因素和水平，选择5个关键因素：面粉配合比(A)、蔬菜配合比(B)、水分含量(C)、胶原蛋白添加量(D)和糯米淀粉配合比(E)。每个因素有3个不同水平。

(2)运用设计软件生成组合试验方案，包含15组试验方案。

(3)按照试验方案进行材料准备和制作，每组数据取平均值。

(4)记录并统计每组试验数据，计算各种因素之间的交互作用和主效应。

(5)应用多元回归分析方法，结合响应面分析方法，确定最优配方组合。

3. 结果分析

经过多元回归分析，得到方程式：

$$y = A + B_1 X_1 + B_2 X_2 + \cdots + B_k X_k$$

式中，y为蔬菜面条的品质得分。

按方程求解，得到最优配方组合，即玉米淀粉、西兰花配合比、水分含量、胶原蛋白添加量和糯米淀粉配合比五因素最佳条件，此时得到的蔬菜面条的品质得分最高，营养价值最佳。

四、实训总结

报告结构和逻辑清晰、条理性强。报告内容全面、准确、翔实，表达方式简洁、明晰、流畅。数据处理和分析方法合理、有效，结论严谨可靠。报告自然段落划分紧凑合理，标题恰当简练，段首段尾连贯通畅，有充分的文字材料和相关数据资料、影像资料支撑。

通过实训成功地应用了响应面设计和多元回归分析等统计分析方法,优化了蔬菜面条的配方,提高了产品的营养价值和品质,同时降低了成本,达到了预期目的。

实训二 Excel 软件综合分析

一、实训目的

使用 Excel 软件进行显著性分析,了解显著性分析的基本原理和方法,掌握 Excel 软件的功能和使用方法,培养学生的数据分析能力和实际应用能力,提高试验结果的科学性和可靠性,为科学研究和生产应用提供技术支持。调整某种食品的工艺参数,分析其对食品品质的影响,并找出最佳的工艺参数组合,以提高食品的质量。

二、实训操作

(1)确定试验方案,包括独立变量和因变量。
(2)采集试验数据,记录每种工艺参数下的因变量数值。
(3)在 Excel 中输入试验数据,进行描述性统计分析,包括均值、标准差、最小值、最大值等指标。
(4)利用 Excel 进行方差分析(ANOVA),分析不同工艺参数下的因变量的显著性差异。
(5)进行多重比较,确定最佳的工艺参数组合。
(6)在 SPSS 中进行试验数据的描述性统计分析和方差分析,并与 Excel 进行比较。

三、实训数据

假设要研究某种饼干的烤制时间对其硬度的影响,设置了 4 个不同的烤制时间参数(10 min、12 min、15 min、18 min),并记录了相应的硬度数据。试验数据见表 7-1。

表 7-1 饼干的烤制时间的硬度

序号	烤制时间/min	硬度/g
1	10	350
2	10	355
3	10	360
4	12	360
5	12	365
6	12	370
7	15	375
8	15	380
9	15	385
10	18	390
11	18	395
12	18	400

四、实训结果

(1) 在 Excel 中进行描述性统计分析,得到每个烤制时间参数下的硬度均值、标准误差、最小值、最大值等指标,见表 7-2。

表 7-2 描述性统计分析结果

名称	N	全距	极小值	极大值	偏度		峰度	
	统计量	统计量	统计量	统计量	统计量	标准误差	统计量	标准误差
烘烤时间	12	8	10	18	0.213	0.637	−1.512	1.232
硬度	12	50	350	400	0.192	0.637	−1.229	1.232
有效的 N（列表状态）	12							

(2) 在 Excel 中进行方差分析(ANOVA),得到不同烤制时间参数下的硬度的显著性差异,见表 7-3。

表 7-3 方差分析结果

名称	N	均值		标准差	方差
	统计量	统计量	标准误差	统计量	统计量
烘烤时间	12	13.75	0.914	3.166	10.023
硬度	12	373.75	4.732	16.394	268.750
有效的 N（列表状态）	12				

(3) 进行多重比较,确定最佳的烤制时间参数组合为 15 min。

(4) 在 SPSS 中进行描述性统计分析和方差分析,得到的结果与 Excel 中的结果一致。SPSS 的描述性统计分析结果见表 7-4。

表 7-4 SPSS 方差分析结果

差异源	平方和	自由度	均方	F 值	显著性
组间方差	2 756.250	3	918.750	36.750	0.000
组内方差	200.000	8	25.000		
总数	2 956.250	11			

从表 7-4 可知,利用方差分析(全称为单因素方差分析)去研究烤制时间对于硬度共 1 项的差异性,从表中可以看出:不同烤制时间样本对于硬度全部均呈现显著性($P<0.05$),意味着不同烤制时间样本对于硬度均有着差异性。具体分析可知:烤制时间对于硬度呈现 0.01 水平显著性($F=36.750$,$P=0.000$)。由具体对比差异可知,有着较为明显差异的组别均值得分对比结果为"12.0>10.0;15.0>10.0;18.0>10.0;15.0>12.0;18.0>12.0;18.0>15.0"(同时,也可以使用折线图进行直观展示)。

总结:不同烤制时间样本对于硬度全部呈现显著性差异。

注意事项如下:

(1)试验数据采集要准确,避免误差。
(2)在进行 Excel 和 SPSS 分析时,要确保数据输入无误。
(3)在进行方差分析时,要选择正确的方差分析方法,并进行多重比较,以确定最佳的参数组合。
(4)在 SPSS 中进行方差分析时,要注意设置组间变量和组内变量。
(5)在结果分析时,要注意解释结果的含义,并针对试验目的提出相应的建议。

实训三　SPSS 软件综合分析

一、实训目的

使用 SPSS 软件进行显著性分析,以确定样本中某些因素是否具有显著影响。

二、实训操作

(1)收集数据,并将其输入 SPSS 软件中。
(2)根据问题的性质和研究类型选择合适的统计方法,如 t 检验、ANOVA 等。
(3)执行统计方法,SPSS 软件将提供具体的统计结果,包括 P 值、t 值、F 值等。
(4)判断统计结果中的 P 值,如果 P 值小于设定的显著性水平,如 $P<0.05$,则结果具有显著性意义,即认为该因素对样本具有显著影响;否则,无法得出显著性结论。

三、实训训练

某酒厂生产糯米酒时,对不同的酿造工艺进行了比较,探究不同工艺对糯米酒的品质指标的影响。共有 4 种工艺,分别为 A、B、C、D,品质指标为酒精度。每种工艺均酿造了 5 个样品,共 20 个样品(表 7-5)。

表 7-5　不同的酿造工艺糯米酒的品质指标

工艺	品质指标				
	样品 1	样品 2	样品 3	样品 4	样品 5
A	0.129	0.126	0.133	0.139	0.142
B	0.119	0.124	0.123	0.127	0.131
C	0.113	0.117	0.12	0.124	0.129
D	0.099	0.102	0.104	0.108	0.113

(一)数据处理

使用 SPSS 软件进行数据处理,将数据录入 SPSS,进行数据清洗和变量设置。将工艺设置为自变量,酒精度设置为因变量。进行单因素方差分析,得到数据见表 7-6、表 7-7。

表 7-6 描述性统计量

工艺	均值	标准差	N
A	0.133 8	0.006 69	5
B	0.124 8	0.004 49	5
C	0.120 6	0.006 19	5
D	0.105 2	0.005 45	5
总计	0.484 4	0.022 8	20

表 7-7 单因数方差分析结果

差异源	平方和	自由度	均方	F 值	显著性	F 临界值
组间方差	0.002 1	3.000 0	0.000 7	21.471 8	0.000 0	3.238 9
组内方差	0.000 5	16.000 0	0.000 0			
总计	0.002 6	19.000 0				

(二) 结果解读

显著性检验结果表明,工艺对糯米酒的酒精度有显著影响($F=21.471\ 8$,$P=0.000$)。比较不同工艺的均值,可以发现工艺 A 的均值最高,为 0.133 8,而工艺 D 的均值最低,为 0.105 2。

方差分析的结果还包括组间方差(MS_b)和组内方差(MS_w)。MS_b 表示不同组之间的方差,MS_w 表示同一组内样本之间的方差。比较 MS_b 和 MS_w 的大小来判断样本方差之间的差异程度。$MS_b=0.002\ 1$,$MS_w=0.000\ 5$,MS_b 明显大于 MS_w,说明不同工艺之间的差异显著。

(三) 结论

根据单因素方差分析的结果,可以得出以下结论:不同工艺对糯米酒的酒精度有显著影响。工艺 A 的酒精度最高,工艺 D 的酒精度最低。不同工艺之间差异显著。

(四) 注意事项

数据分析前要进行数据清洗和变量设置,确保数据的准确性和可靠性。

在进行显著性分析时,需要注意 P 值的大小,一般认为 P 值小于 0.05 为显著性差异。

在比较不同组别之间的均值时,需要进行多重比较校正,以避免假阳性的风险。

综合训练

一、单选题

1. 在试验设计中,以下因素不能控制的是( )。
   A. 处理因素   B. 随机因素   C. 噪声因素   D. 环境因素
2. 在试验中,以下方法可以降低噪声的是( )。
   A. 增加样本容量   B. 加强数据分析   C. 优化试验设计   D. 无法降低

3. 在试验设计中，以下方法可以避免系统误差的是（　　）。
    A. 增加样本容量　　　　　　　　　　B. 随机化试验
    C. 选择恰当的对照组　　　　　　　　D. 无法避免
4. 以下指标可以用来评价样本的变异性的是（　　）。
    A. 均值　　　　B. 标准差　　　　C. 中位数　　　　D. 极差
5. 以下方法可以用来检验两个样本均值是否有显著差异的是（　　）。
    A. 单因素方差分析　　　　　　　　　B. 多因素方差分析
    C. 相关性分析　　　　　　　　　　　D. 回归分析
6. 以下方法可以提高试验的可靠性的是（　　）。
    A. 重复试验　　　　　　　　　　　　B. 增加样本容量
    C. 加强试验控制　　　　　　　　　　D. 以上都是
7. 在试验设计中，以下方法可以避免试验者主观因素的影响的是（　　）。
    A. 增加样本容量　　　　　　　　　　B. 随机化试验
    C. 盲法试验　　　　　　　　　　　　D. 选择恰当的对照组
8. 以下方法可以避免样本选择偏差的是（　　）。
    A. 增加样本容量　　B. 随机化试验　　C. 盲法试验　　D. 无法避免
9. 以下方法可以降低随机误差的是（　　）。
    A. 增加样本容量　　　　　　　　　　B. 随机化试验
    C. 选择恰当的对照组　　　　　　　　D. 无法降低
10. 以下方法可以检验两个样本的方差是否有显著差异的是（　　）。
    A. 单因素方差分析　　　　　　　　　B. 多因素方差分析
    C. 相关性分析　　　　　　　　　　　D. 回归分析

二、判断题

1. 在试验设计中，随机化试验可以避免系统误差的产生。（　　）
2. 在试验设计中，随机化试验可以降低随机误差的产生。（　　）
3. 样本选择偏差是一种随机误差。（　　）
4. 噪声是指由试验环境等因素引起的随机误差。（　　）
5. 在试验设计中，样本容量越大，随机误差越小。（　　）
6. 多因素方差分析可以检验两个样本均值是否有显著差异。（　　）
7. 盲法试验可以避免试验者主观因素的影响。（　　）
8. 对照组是指没有接受处理的样本。（　　）
9. 在试验设计中，均值是评价样本变异性的指标。（　　）
10. 在试验设计中，单因素方差分析可以检验两个样本方差是否有显著差异。（　　）

三、简答题

1. 简述试验设计中的随机化试验的作用。
2. 简述试验设计中的盲法试验的作用。
3. 简述试验设计中的对照组的作用。
4. 简述试验设计中的单因素方差分析的作用。
5. 简述试验设计中的多重比较的作用。

参考答案

项目一 综合训练

一、单选题

1. 答案：A
2. 答案：B
3. 答案：D
4. 答案：B
5. 答案：C
6. 答案：D
7. 答案：B
8. 答案：B
9. 答案：B
10. 答案：B

二、判断题

1. 答案：正确
2. 答案：正确
3. 答案：错误
4. 答案：错误
5. 答案：错误
6. 答案：正确
7. 答案：正确
8. 答案：错误
9. 答案：正确
10. 答案：正确

三、简答题

1. 食品的质量指标通常包括以下方面：营养成分、安全性、口感、外观等。
2. CPK 值是一种用于评估产品质量稳定性的指标，可用于评价过程的能力是否达到要求。CPK 值越大，说明产品的质量稳定性越高。

3. BBI 的基本思想是在生产过程中，对质量特征的监控，及时发现过程变异和异常，采取控制措施，确保产品质量稳定。BBI 适用于任何具有稳定、可重复、可预测的生产过程，如饮料、糖果、烘焙食品等。

4. 统计次数法的检验步骤：从不同批次的样品中，每次取出一定量的样品，在不同的条件下进行检测。统计检测结果，计算样品中某种特定成分的存在次数，根据相关标准，判断样品是否符合标准。

项目二　综合训练

一、单选题

1. 答案：C
2. 答案：C
3. 答案：C
4. 答案：C
5. 答案：B
6. 答案：A
7. 答案：C
8. 答案：C
9. 答案：A

二、判断题

1. 答案：错误
2. 答案：正确
3. 答案：正确
4. 答案：错误
5. 答案：错误
6. 答案：正确
7. 答案：正确
8. 答案：正确
9. 答案：正确
10. 答案：正确

三、简答题

1. 平均值是一组数据的中心位置，可以通过将所有数据相加，然后除以数据的个数来计算平均值。

2. 加权平均值是一种计算平均值的方法，其考虑了不同数据的权重，即某些数据对平均值的贡献更大。

3. 平均值可以描述数据的中心位置，即数据的集中趋势。

4. 精密度关注数据的离散程度，即数据的重复性和一致性；准确度关注数据与真实值之间的接近程度，即数据的准确性。

5. 保留与较大的有效数字相同的位数是为了确保运算结果与参与运算的数字的最高准确度保持一致，并避免引入额外的误差。

项目三　综合训练

一、单选题

1. 答案：B
2. 答案：C
3. 答案：B
4. 答案：B
5. 答案：A
6. 答案：C
7. 答案：A
8. 答案：A
9. 答案：C
10. 答案：A

二、判断题

1. 答案：错误
2. 答案：错误
3. 答案：正确
4. 答案：正确
5. 答案：正确
6. 答案：正确
7. 答案：错误
8. 答案：正确
9. 答案：正确
10. 答案：错误

三、简答题

1. 假设检验分析是一种基于多种统计方法的数据分析技术，通过提出假设、收集数据、计算概率等步骤，来判断某个数据分布是否符合提出的假设。其基本流程包括提出假设、确定显著性水平、选择检验方法、计算检验统计量、计算 P 值、判断结论、解释结果。

2. 显著性水平是一种设定的标准，用来衡量拒绝零假设的程度。常用的显著性水平包括 0.05、0.01 等，它的值越小，意味着拒绝零假设的标准越高，要求拒绝零假设的证据越充分。显著性水平的大小对于分析结果有直接的影响，如果显著性水平过高，则容易犯错，忽略了本应该拒绝零假设的情况；如果显著性水平过低，则容易忽略真实情况，得到原本应该接受或拒绝的相反结论。

3. 第一类错误是指拒绝正确的零假设，即本应该接受零假设但是错误地拒绝了。第二类错误则是指接受错误的零假设，即认为零假设是正确的。第一类错误和第二类错误之间的区别是犯错的方向不同，第一类错误中认为存在效应但实际上不存在，第二类错误中认为不存在效应但实际上存在。

4. 方差分析和卡方检验都是常用的假设检验方法，但是它们针对的问题和目标不同。方差分析通常用于比较三个或三个以上的样本均值是否有差异，而卡方检验则通常用于比较样本所占比例是否有差异。方差分析还可以进行多重比较来确定哪些组之间存在显著差异，而卡方检验则主要用于检验两个或多个分类变量之间的关联性。

5. 配对样本是指两个样本之间存在一定的关联性，例如在对同一组人或物体进行两次测试时，这两次测试之间就是一个配对样本。配对样本可以用于探究一个变量在不同时间或不同条件下的变化或差异，例如评估一种药物在治疗前后对患者身体指标的影响，这时可以使用配对样本来避免受到其他因素的影响，更精确地判断药物的疗效。

项目四　综合训练

一、单选题

1. 答案：A
2. 答案：B
3. 答案：A
4. 答案：A
5. 答案：A
6. 答案：A
7. 答案：A
8. 答案：A
9. 答案：A
10. 答案：A

二、判断题

1. 答案：正确

2. 答案：正确
3. 答案：正确
4. 答案：正确
5. 答案：错误
6. 答案：正确
7. 答案：错误
8. 答案：正确
9. 答案：正确
10. 答案：错误

三、简答题

1. 方差分析可以帮助确定不同组之间的差异是否显著，也就是说，检验的是组平均数之间的差异是否超过了随机误差。其基本原理是将数据分组，并比较不同组之间的均值差异和组内变异程度，然后计算 F 值，与 F 分布表相比较确定显著性水平，从而判断各组均值是否存在显著差异。

2. 组内方差指同一组内各个数据点与其组内均值之间的差异程度，是反映组内各数据点随机误差的指标。组内误差包括两种误差：随机误差和系统误差。随机误差是指样本中随机出现的误差，是无规律的。系统误差是由某种系统性原因所产生的误差，是有规律的，具有一定的可重复性和可预测性。

3. 自由度(df)是指一个样本数据集中可以自由变动的数据点数，可以用总样本数减某一统计量中不独立信息的数量得出。在方差分析中，自由度的作用是计算 F 值的分母。例如在一元方差分析中，自由度等于总组数减一，用来计算组间方差和组内方差；在多元方差分析中，自由度等于总样本数减总组数减一，用来计算组间方差、组内方差以及交互作用方差。自由度越大，表示数据集中有更多的独立信息，更能反映总体的特征，提高了统计结果的可信度。

4. 多重比较是指对于同一组数据，在进行一元方差分析时，进行多次两两比较各组均值的显著差异是否具有统计学意义。由于进行多次比较，可能会出现误判的情况，进行多重比较时，需要对显著性水平进行修正，如 Bonferroni HSD、Tukey HSD 等。多重比较的主要目的是为了找出具有显著差异的组，从而得到最有意义的结果。

5. 均方(Mean Square, MS)是指平方和除以自由度得到的平均值，即 MS＝平方和/自由度。在方差分析中，均方起着很重要的作用，是计算 F 值的关键统计量之一。比较组间均方和组内均方的大小，可以得出组间和组内变异程度的差异是否显著，从而确定不同组之间的差异是否显著。

6. 多元方差分析是指在有多个自变量的情况下进行方差分析。与一元方差分析相比，多元方差分析考虑了多个自变量对响应变量的影响，能够更全面地分析因素对响应变量的贡献程度。多元方差分析中除组间平方和和组内平方和外，还需要考虑交互作用平方和，以反映不同因素组合作用下对响应变量的影响。多元方差分析的结果可以给出各个自变量和它们之间的交互作用对响应变量的影响程度，从而更为准确地解释观测数据的变异情况。

项目五　综合训练

一、单选题

1. 答案：A
2. 答案：A
3. 答案：A
4. 答案：B
5. 答案：B
6. 答案：A
7. 答案：B
8. 答案：D
9. 答案：B
10. 答案：A

二、判断题

1. 答案：正确
2. 答案：错误
3. 答案：正确
4. 答案：正确
5. 答案：正确
6. 答案：正确
7. 答案：正确
8. 答案：正确
9. 答案：错误
10. 答案：正确

三、简答题

1. 回归分析是一种数学统计方法，主要用于分析和建立变量之间的数学关系，以便预测或解释一个或多个因变量。它的应用领域包括金融、经济、社会科学、医疗等。回归分析的主要问题包括如何选择适当的自变量、如何评估自变量对因变量的影响，以及如何进行模型的拟合和验证等。

2. 自变量之间的相关性可以使用 Pearson 相关系数等方法来判断。如果自变量之间存在高度相关性，会引起回归系数估计不稳定的问题。可能的解决方法包括使用正则化方法进行回归分析、增大样本容量、进行变量选择等。

3. 解决异方差性问题的方法包括使用异方差性恰当的加权回归、转化因变量或自变量、拟合广义线性模型等。

4. 相关分析是一种数学统计方法，主要用于分析和描述两个或多个变量之间的关系。其应用领域包括市场营销、管理决策、医学、社会学等。相关分析的主要问题包括如何评估变量之间的关系、如何进行样本量的控制、如何处理变量之间的非线性关系等。

5. 在一元线性回归中，回归系数表示自变量的单位变化对因变量的影响程度。具体而言，回归系数代表因变量每单位自变量的变化所引起的变化量。如果回归系数为正，意味着自变量的增加与因变量的增加呈正相关关系；如果回归系数为负，意味着自变量的增加与因变量的减少呈负相关关系；而回归系数的绝对值越大，说明自变量对因变量的影响越强。截距是指当自变量取值为 0 时，因变量的估计值。在一元线性回归中，截距表示在自变量为 0 时，因变量的平均值或期望值。它反映了自变量不起作用时，因变量的基准水平或基础水平。

6. 判断回归方程是否适用于数据，可以使用诊断图形如 QQ 图、残差图、散点图等，查看残差是否满足正态分布、方差齐性和有没有自相关等假设。可能存在的问题包括多重共线性、异方差性、自变量的非线性关系等。解决方法包括使用正则化方法、转化变量、增大样本量、进行变量选择等。

7. 数据标准化的方法是将自变量减去其均值再除以其标准差，或者将自变量缩放至 [0，1] 或 [−1，1]。数据标准化的意义是解决自变量之间存在不同量级的问题，同时可以提高回归方程的拟合和预测精度。

8. 岭回归分析的原因是：当自变量之间存在高度相关性时，OLS 回归分析的解不唯一，使用岭回归可以有效避免这个问题。它可以解决对于自变量之间存在高度相关的数据，可通过惩罚系数的引入来控制模型的复杂度，避免过拟合等问题。

9. 正则化方法的作用是可以控制模型复杂度、避免过拟合等问题。常用的正则化方法包括 L1 正则化、L2 正则化等。L1 正则化会使其中一些自变量的系数缩小为 0，从而实现自变量选择的作用，L2 正则化则会使所有自变量系数缩小。

10. 回归系数是否显著可用 t 检验来检验。具体步骤是先计算回归系数的标准误差，然后对回归系数进行 t 检验，计算检验统计量并与 t 分布的临界值比较，以此来判断回归系数是否显著不为零。

项目六 综合训练

一、选择题

1. 答案：B
2. 答案：C
3. 答案：B
4. 答案：D
5. 答案：A
6. 答案：B

7. 答案：A

8. 答案：C

9. 答案：A

10. 答案：B

二、判断题

1. 答案：错误

2. 答案：错误

3. 答案：正确

4. 答案：错误

5. 答案：正确

6. 答案：错误

7. 答案：正确

8. 答案：错误

9. 答案：错误

10. 答案：正确

三、简答题

1. 正交试验设计的基本原理是设计一定数量的试验，找出各因素对结果的贡献程度和交互作用，以确定最优的方案组合。

2. 因素水平的确定需要考虑实际可行水平和因素数量，以及可能的交互作用对水平的影响。

3. 样本量选择的原则是要保证样本数目足够大，以消除因素数量过多带来的样本量不足的情况。

4. 正交试验设计中的协方差分析是用来分析影响因素间是否存在交互作用，依据此结果进一步选择最优的试验方案组合，并可对交互作用进行解释。

5. 正交试验设计适用于医药研发、化学工程及各种全面考察多因素作用的食品加工等领域。

项目七　综合训练

一、单选题

1. 答案：C

2. 答案：C

3. 答案：B

4. 答案：B

5. 答案：A
6. 答案：D
7. 答案：C
8. 答案：B
9. 答案：A
10. 答案：A

二、判断题

1. 答案：正确
2. 答案：正确
3. 答案：错误
4. 答案：正确
5. 答案：正确
6. 答案：错误
7. 答案：正确
8. 答案：正确
9. 答案：错误
10. 答案：正确

三、简答题

1. 随机化试验是指将试验对象随机分配到不同处理组，从而降低系统误差的影响，使试验结果更加可靠和准确。

2. 盲法试验是指试验对象不知道自己接受的处理组，以避免试验者主观因素的影响，从而提高试验的可靠性。

3. 对照组是指没有接受处理的样本，用来与处理组进行比较，评价处理的效果和作用，从而确定处理效果的大小和显著性。

4. 单因素方差分析是指通过比较不同处理组的方差大小来检验两个或多个样本均值是否有显著差异，从而确定处理的效果和显著性。

5. 多重比较是指在进行单因素方差分析后，通过比较各处理组的均值差异来确定最佳的处理组合，从而提高试验的效果和准确性。

附 表

参考文献

[1] 黄晓玉，王兰会. SPSS 24.0 统计分析——在语言研究中的应用[M]. 北京：中国人民大学出版社，2021.

[2] 李荣玲. 概率论与数理统计[M]. 昆明：云南大学出版社，2020.

[3] 卢俊峰，龚小庆. 统计学[M]. 杭州：浙江工商大学出版社，2020.

[4] 李军红，李付庆，范建民. 统计学[M]. 南京：南京大学出版社，2020.

[5] 李莉. 统计学原理与应用[M]. 南京：南京大学出版社，2019.

[6] 邢西治. 统计学原理[M]. 2版. 南京：南京大学出版社，2019.

[7] 王志平. 数据、模型与软件统计分析[M]. 南昌：江西高校出版社，2019.

[8] 高峰，刘绪庆，姜红燕，等. 概率论与数理统计[M]. 2版. 南京：南京大学出版社，2019.

[9] 刘爱荣. 统计学[M]. 重庆：重庆大学出版社，2019.

[10] 庞超明，黄弘. 试验方案优化设计与数据分析[M]. 南京：东南大学出版社，2018.

[11] 林伟初. 概率论与数理统计[M]. 重庆：重庆大学出版社，2017.

[12] 艾艺红，殷羽. 概率论与数理统计[M]. 重庆：重庆大学出版社，2021.

[13] 王琼，王世飞. 概率论与数理统计学习指导[M]. 北京：人民邮电出版社，2017.

[14] 李洪成，张茂军，马广斌. SPSS 数据分析实用教程[M]. 2版. 北京：人民邮电出版社，2017.

[15] 同济大学数学系. 概率论与数理统计[M]. 北京：人民邮电出版社，2017.

[16] 黄英，刘亚琼. 统计学[M]. 重庆：重庆大学出版社，2017.

[17] 朱晓颖，蔡高玉，陈小平. 概率论与数理统计[M]. 北京：人民邮电出版社，2016.

[18] 王丽伟. 统计理论与实务[M]. 2版. 北京：人民邮电出版社，2016.

[19] 梁超. 统计学案例与实训教程[M]. 北京：人民邮电出版社，2016.

[20] 刘洋，康淑菊. 概率论与数理统计习题册[M]. 重庆：重庆大学出版社，2015.

[21] 徐晓岭，王磊. 统计学[M]. 北京：人民邮电出版社，2015.

[22] 马秀麟，姚自明，邬彤，等. 数据分析方法及应用——基于 SPSS 和 Excel 环境[M]. 北京：人民邮电出版社，2015.

[23] 迟全勃. 试验设计与统计分析[M]. 重庆：重庆大学出版社，2015.

[24] 蒲括，邵朋. 精通 Excel 数据统计与分析[M]. 北京：人民邮电出版社，2014.

[25] 程宗钱. 概率论与数理统计[M]. 北京：人民邮电出版社，2013.

[26] 聂彩仁. SPSS 简明教程[M]. 昆明：云南大学出版社，2011.

[27] 任雪松，于秀林. 多元统计分析[M]. 北京：中国统计出版社，2011.

[28] 茆诗松，汤银才. 贝叶斯统计[M]. 2版. 北京：中国统计出版社，2012.

[29] 邓聚龙. 灰理论基础[M]. 武汉：华中科技大学出版社，2002.

[30] 王钦德，杨坚. 食品试验设计与统计分析基础[M]. 2版. 北京：中国农业大学出版社，2009.

[31] 李云雁，胡传荣. 试验设计与数据处理[M]. 3版. 北京：化学工业出版社，2017.

[32] 张南，马春晖，周晓丽，等. 食品科学研究现状、热点与交叉学科竞争力的文献计量学分析[J]. 食品科学，2017，38(3)：310－315.

[33] 任露泉. 试验优化设计与分析[M]. 2版. 北京：高等教育出版社，2003.

[34] 张勤，张启能. 生物统计学[M]. 北京：中国农业大学出版社，2002.

[35] 谢庄，贾青. 兽医统计学[M]. 北京：高等教育出版社，2006.

[36] 赵俊康. 统计调查中的抽样设计理论与方法[M]. 北京：中国统计出版社，2002.

[37] 刘文卿. 实验设计[M]. 北京：清华大学出版社，2005.

[38] 茆诗松，周纪芗，陈颖. 试验设计[M]. 北京：中国统计出版社，2004.

[39] 张吴平，杨坚. 食品试验设计与统计分析[M]. 3版. 北京：中国农业大学出版社，2017.

[40] 中华人民共和国国家质量监督检验检疫总局，中国国家标准化管理委员会. GB/T 3358.1—2009 统计学词汇及符号 第1部分：一般统计术语与用于概率的术语[S]. 北京：中国标准出版社，2009.

[41] 中华人民共和国国家质量监督检验检疫总局，中国国家标准化管理委员会. GB/T 3358.3—2009 统计学词汇及符号 第3部分：实验设计[S]. 北京：中国标准出版社，2009.

[42] 中华人民共和国国家质量监督检验检疫总局，中国国家标准化管理委员会. GB/T 3358.2—2009 统计学词汇及符号 第2部分：应用统计[S]. 北京：中国标准出版社，2009.

[43] 中华人民共和国国家质量监督检验检疫总局，中国国家标准化管理委员会. GB/Z 19027—2005 GB/T 19001—2000的统计技术指南[S]. 北京：中国标准出版社，2006.

[44] 国家标准局. GB/T 4086.1—1983 统计分布数值表 正态分布[S]. 北京：中国标准出版社，1983.

[45] 国家标准化管理委员会. GB/T 4086.3—1983 统计分布数值表 t分布[S]. 北京：中国标准出版社，1983.

[46] 国家标准局. GB/T 4086.2—1983 统计分布数值表 χ^2分布[S]. 北京：中国标准出版社，1983.

[47] 国家标准局. GB/T 4086.6—1983 统计分布数值表 泊松分布[S]. 北京：中国标准出版社，1983.

[48] 国家标准局. GB/T 4086.4—1983 统计分布数值表 F分布[S]. 北京：中国标准出版社，1983.

[49] 国家标准局. GB/T 4086.5—1983 统计分布数值表 二项分布[S]. 北京：中国标准出版社，1983.